식물의 책

식물의 책

An
Illustrated
Dictionary of
Urban
Plants

* 식물세밀화가
이소영의
도시식물이야기

책읽는수요일 Books on Wednesday

일러두기

1. 식물의 학명은 산림청에서 제공하는 국가표준식물목록에 등록된 학명을 우선으로 하였습니다.
2. 본문에 등장하는 식물 대부분의 식물명은 학명과 함께 '찾아보기' 부분에 수록하였습니다.
3. 책 본문의 작은 갈색 얼룩들은 고(古)서적 느낌이 나도록 디자인한 무늬입니다.

* 차례

*
*
*

들어가며

저는 식물세밀화를 그립니다. 제 작업은 어떤 식물을 그릴지 정하는 것으로 시작됩니다. 그것이 정해지고 나면 이들이 사는 곳은 어디인지, 어떻게 이런 이름으로 불리게 되었는지, 이들은 어쩌다 숲에서 도시로 오게 되었는지와 같은 정보를 수집하게 됩니다. 그렇게 이 식물에 관해 좀 더 알게 된 다음에, 직접 식물이 사는 곳으로 찾아가서 형태를 관찰하길 반복해, 그림을 완성합니다.

바로 그렇게 제가 걷는 길 콘크리트 사이에 핀 제비꽃이 우리나라에서 가장 많은 종을 가진 식물이란 것을, 제가 즐겨 먹는 딸기 한 알에 씨앗이 이백 개가 넘는다는 것을 식물세밀화를 그리며 알게 되었습니다.

식물을 멀리서 바라볼 때보다 가까이 다가가 쪼그려 앉

아 관찰할 때에 이들의 이야기에 더 집중할 수 있다는 것도요. 식물 하나하나를 들여다볼수록 그 안에 더 많은 이야기, 더 넓은 세계가 있다는 것을 알게 되었고, 그렇게 식물을 더 많이 이해하게 되었습니다.

제가 관찰하고 알게 된 식물 이야기를 사람들에게 전하고 싶은 마음에 2017년, 네이버 플랫폼을 통해 팟캐스트 형식의 '이소영의 식물라디오'를 시작하게 되었어요. 매주 목요일마다 관련 사진이나 제가 그린 식물세밀화와 함께 식물을 하나하나 소개해나갔습니다. 식물라디오를 듣는 청취자분들도 방송을 듣고 그 식물에 관해 질문을 남기기도 하고, 그 식물에 얽힌 사연을 나누기도 하셨죠. 제가 좋아하는 식물 이야기를 들려드리려고 시작한 방송이었는데, 세상에 식물을 좋아하는 사람들이 이렇게나 많다는 걸 다시금 확인하고 소통하게 하는 통로가 되어주었어요. 그리고 그 이야기가 모여 또 이렇게 한 권의 책이 되었습니다.

'식물의 책'이란 제목처럼 이 책은 식물 자체에 관한 이야기를 중심으로 제가 그 식물을 처음 만났을 때의 이야기, 그에게 미안했던 점, 혹은 고마웠던 일 같은 사연이 함께 기록돼 있습니다. 결국 이 책은 제 이야기이기도 하더군요. 또 식물을 매개로 하는 우리 모두의 이야기이기도 하고요.

사람들은 제게 묻곤 합니다. 어떻게 식물을 그리도 좋아하게 되었냐고요. 저는 이제 그 물음에 이 책으로 답할 수 있을 것 같습니다.

no. 1 *Taraxacum platycarpum* Dahlst.

잡 초 의 * 쓸 모

2016년, 덴마크 출신의 작가 '카밀라 베르너*Camilla Berner*'가 한국에서 전시를 열었는데, 그때 그의 작업을 함께 도운 적이 있습니다. 그는 버려진 땅에 사는 식물을 소재로 작업을 이어왔는데, 한국의 식물에는 생소한 그를 위해 식물의 이름과 종 정보 등을 알려주기로 했죠. 그는 전시장 근처인 서울 서촌의 골목 사이, 건물이 허물어진 공터에서 스스로 자라난 잡초들로 꽃다발을 만들어 사진을 찍기로 했습니다. 말하자면 '잡초'라는 식물에 화훼식물로서의 가치를 쥐여주는 일이었죠.

공터에는 사초과, 벼과의 식물들이 다양하게 있었는데, 종수를 모두 세어보니 서른 종 정도가 관찰되었습니다. 평소 그저 지나쳤던 공터에 이토록 다양한 식물종이 존재하고 있었던 거예요. 카밀라 베르너는 제가 정리한 잡초 목록을 죽 훑어보더니, 그중에 혹시 약용식물이 있는지 물어왔습니다. 자세히 살펴보니 대부분이 약효가 증명된 약용식물이었습니다. 우리가 잡초라 여겼던 식물들이 어딘가에서는 집약적으로 재배해 판매되는 약용식물이었던 거죠. '잡초'라는 말을 사전에서 찾아보면 "빈터에서 자라며 생활에 큰 도움이 되지 못하는 풀"이라고 정의되어 있습니다. 누가 심지도 않았는데 피어난 식물 혹은 농경지에 심은 작물들 옆에 자라서 생장에 방해가 되는 식물, 내가 유도하지 않은 식물을 우리는 잡초라고 부릅니다. 그런데 잡초로 여기는 식물도 알고 보면 제각기 쓸모와 역할이 있습니다.

우리가 가장 쉽게 찾아볼 수 있는 잡초의 대표 격인 민들레를 한번 살펴볼까요. 민들레는 도시 어디에서든 봄부터 가을까지 내내 만나볼 수 있는 식물입니다. 그런데 우리가 민들레라 알고 있는 이 식물은 정확히 부르자면 '서양민들레*Taraxacum officinale* Weber'입니다. 사실 '민들레'는 종이 아닌 속(가족)의 이름이거든요. 제가 앞으로도 '종'과 '속', 혹은 '과'란 단어를 자주 언급할 텐데, '종'은 생물의 가장 기본 단위라고 생각하면 됩니다. 사람으로 비유하자면 개인 한 명에 해당하는 거죠. 그리고

민들레

Taraxacum platycarpum Dahlst.

1 전체 모습 *2* 뿌리 *3* 꽃 *4* 열매 *5* 씨앗

그 개인이 속한 가족이 있듯이, 식물에게도 가족이 있는데 그게 바로 '속'이에요. 그보다 더 큰 단위가 '과'고요.

민들레속은 세계적으로 400종 안팎이 분포하는데, 우리나라에는 10여 종이 살고 있습니다. 지금까지 연구된 바로는 우리나라에는 '서양민들레', 우리 토종의 그냥 '민들레', '털민들레', '흰민들레', '산민들레', '좀민들레' 등이 있어요. 우리나라와 식생이 비슷한 일본에는 아예 민들레로만 이루어진 꽤 두꺼운 도감이 있을 정도로 연구가 많이 되어왔고요.

민들레는 특이하게도 환경에 따라 그 형태가 많이 변합니다. 같은 종이라도 자라는 환경에 따라 잎이 민무늬거나 거치가 많다든가 하는 식으로 환경 변이가 큰 편이에요. 그 때문에 종의 형태적 특징을 단정 짓기 모호해서 식물학자들이 연구에 어려움을 겪고요. 우리가 주변에서 쉽게 볼 수 있는 민들레로는 서양민들레와 토종 민들레가 있습니다. 이 둘을 식별하는 데 가장 큰 열쇠(분류키)는 꽃잎 아래, 꽃받침과 비슷한 '총포'입니다. 총포가 꽃을 향해 위로 올라가 있다면 토종 민들레, 아래로 처졌다면 서양민들레입니다.

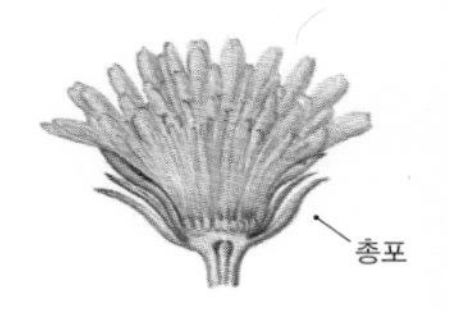

토종 민들레
총포가 위를 향하고 있다.

서양민들레는 이름 그대로 서양에서 온 민들레입니다. 1900년대 초반 유럽에서 유입된 것으로 보여요. 사실 우리가 도시에서 흔히 보는 민들레는 대부분 서양민들레입니다. 토종 민들레는 봄에만 꽃을 피우는 데 비해, 서양민들레는 봄부터 가을까지 꽃을 피우거든요. 그래서 내내 꽃을 피우면서 몇 번이고 씨앗을 퍼뜨리기 때문에 번식력이 매우 강합니다. 그러나 토종 민들레는 꽃도 작고 씨앗의 수도 적어 서양민들레에 비해서는 번식력이 약하죠. 그러다 보니 서양민들레는 그 분포 범위를 점점 확대해가고, 토종 민들레는 점점 개체 수가 줄어들고 있습니다. 우리나라 토종의 진짜 '민들레'는 주로 남부에 분포하고 있어요.

그런데 이런 현상을 두고, 사람들이 나서 민들레에 싸움을 붙입니다. 마치 토종 민들레가 서양민들레 때문에 사라지고 있다는 듯이요. 하지만 식물은 싸우지 않습니다. 그건 인간의 시각일 뿐이에요. 서양민들레가 점점 늘어나고 토종 민들레는 사라지는 그 현상의 중심에는 '인간의 욕심'이 자리하고 있습니다. 토종 민들레가 점점 숲 밖으로 밀려나고 개체 수가 줄어드는 건 정확히는 환경 파괴 때문입니다. 우리는 도시를 만들기 위해서 산을 깎고 땅을 메꿔 공터를 만듭니다. 그리고 그 공

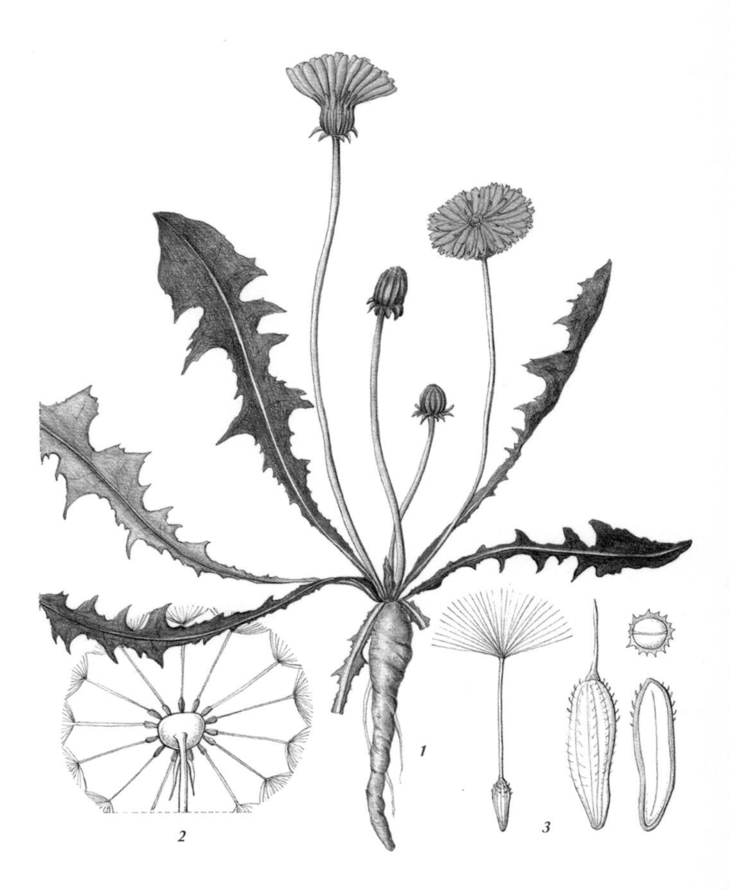

서양 민들레

Taraxacum officinale Weber

1 전체 모습 *2* 열매 *3* 씨앗

터는 자연스레 서양민들레의 차지가 되지요. 그러니까 산과 들이 도시로 개발되면서 원래 그곳에 살던 토종 민들레는 없어지고, 그를 대신해 서양민들레가 늘어날 수밖에 없던 것입니다. 서양민들레가 늘어난다는 건 관점을 바꿔보면 환경 파괴된 면적이 늘어난다는 이야기입니다. 우리가 자연을 어떻게 대했는지는 자각하지 못하고, 단순히 그것을 서양민들레와 토종 민들레의 싸움으로 여기고 있는 것입니다.

서양민들레는 대표적인 귀화식물이기도 합니다. 우리나라에 오랫동안 살아온 식물이 아니라, 어쩌다 우리나라에 와서 스스로 번식해 식생의 한 부분이 된 식물들을 우리는 '귀화식물'이라고 부릅니다. 보통 귀화식물은 사람이 돌보지 않아도 우리나라 기후와 토양에 잘 적응해 살아남은 것이라, 잡초로 여겨지는 식물이 많습니다. 그리고 생태계교란종이나 침입외래종처럼 공격적이고 부정적으로 인식되는 경우도 많고요. 하지만 이 식물들이 이 땅에 오게 된 건 사실 우리 때문입니다. 외국에서 들어오는 화물이나 컨테이너, 그리고 여행을 다녀온 사람들의 옷과 신발, 수입한 곡물 같은 곳에 씨앗이 붙어 우리나라에 도착해 번식하고 살아가게 된 것이죠. 실제로 공항, 항구, 쓰레기 매립지 등에 귀화식물이 많이 분포합니다. 아마 귀화식물은 갈수록 그 수가 늘어날 겁니다. 여행객도, 외국과의 교류도 앞으로 더 잦아질 테니까요.

서양민들레처럼 적응력이 뛰어난 귀화식물들이 자꾸만 부정적으로 여겨지고는 있지만, 귀화식물로 어떤 종이 분포하는지, 그리고 이들의 이점과 해점 등과 관련해서는 아직 한창 연구 중에 있습니다. 귀화식물이라고 해서 무조건 유해한 것도 아니고요. 서양민들레만 하더라도 우리는 그냥 잡초 정도로 여기지만, 유럽에서는 오래전부터 약용식물로 이용해왔습니다. 서양민들레의 종소명 '*officinale*'은 라틴어로 '약용'이란 뜻입니다. 그만큼 전통적인 약용식물이지요. 열을 내리고 소변을 잘 나오게 하며, 염증을 없애고 위장을 튼튼하게 하는 효과가 있습니다. 그래서 유럽에서는 민들레로 차를 우리거나, 샐러드 재료로 사용합니다.

이렇듯 우리가 잡초라고 여겼던 민들레도 어딘가에서는 쓸모 있는 귀한 식물일 수 있습니다. 단지 민들레뿐만 아니라 우리가 잡초라 부르고 있는 수많은 식물종 모두 마찬가지고요. 매일 지나치던 잡초에도 각각 그 이름이 있고, 모두 각자의 역할과 가치가 있습니다. 그리고 그 가치를 쥐여주는 건 바로 우리 인간일 거고요. 앞으로 민들레를 만난다면, 그냥 '민들레'가 아닌 서양민들레, 토종 민들레, 흰민들레 하는 식으로 각자의 이름으로 불러주셨으면 합니다.

no. 2 *Aloe vera* (L.) Burm.f.

먹고 * 바르는 * 식물

저는 사람들에게 식물을 더 깊게 이해하고 싶다면 학명으로서 식물을 인식하는 것이 중요하다고 자주 이야기하곤 합니다. 여기서 '학명'이라 함은 식물도감이나 식물원의 식물 이름표에서 확인할 수 있는 긴 라틴어명을 말합니다. 전 세계에서 통용하는 식물의 이름으로 식물의 분류학적, 역사적, 형태적 특징 등의 정보가 담겨 있기 때문에, 학명으로 식물을 인식하는 것만으로도 식물을 공부하는 데 도움을 받을 수 있습니다. 물론 음절이 긴 라틴어라 생소하고 어렵게 느껴질 수 있지만 그렇다고 꼭 어려운 것만은 아닙니다. 우리도 모르는 새에 이미 학명을 외우고 있는 식물도 있고요.

우리에게 익숙한 '알로에 베라*Aloe vera* (L.) **Burm.f.**'는 알로

에속에 속하는 한 식물종의 학명입니다. '알로에'가 속명, '베라'가 종소명이죠. 알로에는 흔히 화장품이나 음료수의 원료로 알려져 있습니다. 우리나라에서 사람들이 '다육이'라 부르며 즐겨 키우는 다육식물 중 대표적인 식물로, 다육식물 중에서도 키우기가 쉬운 편입니다. 사람들은 다육식물과 선인장을 종종 헷갈리기도 하는데요. 선인장*Cactaceae*은 선인장과에 속한 식물을 총칭하며 다육식물은 선인장과 식물뿐만 아니라 돌나물과, 파인애플과 등 줄기나 잎에 물을 많이 함유하고 있는 모든 식물을 말합니다. 다육식물이 선인장보다 훨씬 큰 개념인 셈이죠. 누군가는 다육식물은 모두 외래종이라고 생각하기도 하는데, 우리가 봄에 주로 먹는 돌나물은 우리나라의 대표적인 자생 다육식물이랍니다. 돌나무속*Sedum*에 속하는데요, 집에서 흔히 키우는 세덤이란 다육식물과 같은 가족이지요.

알로에는 전 세계적으로 500여 종이 있으며 대부분 남아프리카의 해안에서부터 건조한 내륙 지역, 절벽 등에서 자랍니다. 우리나라에 식재되어 자라는 알로에는 주로 땅에 붙어 나지만 자생지에서는 나무처럼 거대한 목본성부터 지표에서 아주 작게 자라는 초본성까지 그 형태가 다양합니다. 알로에를 전문으로 연구하는 레이놀즈 박사*Gilbert Westacott Reynolds*가

알로에 베라

Aloe vera (L.) Burm.f.

1950년, 알로에를 그 형태에 따라 1에서 10까지의 그룹으로 분류하기도 했을 정도예요. 인류와 워낙 오랫동안 함께하며 연구되어온 식물이라 알로에 관련 논문만 만 5천여 편이 넘습니다.

가장 대표적인 알로에 종은 많은 사람이 알고 있는 알로에 베라입니다. 화장품과 음료로 접할 수 있는 알로에가 모두 알로에 베라를 원종으로 하죠. 이들은 다른 식물들처럼 줄기 여러 개에서 군데군데 잎이 나는 형태가 아니라, 한 군데에 밀집해 잎이 납니다. 잎은 두꺼운 다육질로 가장자리에 가시라고 하기엔 두꺼운 돌기가 있습니다.

알로에 종마다 잎의 무늬와 색 모두 다릅니다. 알로에 잎의 단면을 자르면 투명한 액체가 묻어나는데요. 여기에 펙틴, 아미노산, 미네랄, 효소 등이 함유되어 있어, 이 과육을 먹거나 피부에 바르는 데에 사용합니다. 예전에는 전쟁 중에 군인의 상처를 치료하는 데에도 사용했다고 해요. 저도 어렸을 때 엄마가 알로에로 마사지를 해주셨던 기억이 납니다. 피부가 좋지 않았던 동생을 위해 엄마는 시장에서 알로에를 사와 손가락 두께로 자른 후 그걸 얼굴에 문지르게 했는데요. 옆에 있던 저도 덩달아 알로에를 피부에 바르곤 했죠. 그 덕분인지 지금껏 피부 문제로 힘들었던 적이 없네요. 그 밖에 알로에는 변비

백합목 백합과 알로에속

에도 좋아 오래전부터 약용식물로 재배되어 왔습니다.

알로에의 효용이 이미 기원전 2100년경의 의학 문서에 등장했다고 하니, 알로에는 인류와 함께한 가장 오래된 약용식물이 분명합니다. 알로에라는 이름이 영어인 데다 우리나라에 자생하는 식물은 아니라 최근에 도입된 식물이라 생각할 수 있겠지만, 1610년 『동의보감』에 알로에가 최초로 등장합니다. 그때는 알로에를 한자로 바꿔 '노회(蘆薈)'라고 이름 붙여 썼지요. 성질은 차고 맛은 쓴데 독이 없고 옴과 어린이의 열성경련을 다스린다고 쓰여 있어요.

알로에는 활용도만큼이나 재배도 쉽습니다. 원산지 남아프리카에서도 해안지역의 습한 곳부터 내륙의 건조한 사막 지역까지 고루 잘 자랍니다. 이는 곧 사람들이 식물을 재배하며 가장 까다롭게 생각하는 '관수'에 크게 영향받지 않는다는 이야기이죠. 게다가 남아프리카의 혹독한 환경에 이미 적응해 온도에도 크게 연연하지 않기 때문에, 알로에를 전문적으로 재배하는 원예가들 모두 알로에를 재배하는 데는 특별한 원예학적 기술이 필요하지 않다고들 합니다. 물론 그중에 알로에 헤만티폴리아*Aloe haemanthifolia* **Marloth & A. Berger**를 비롯한 소수의 몇 종은 재배가 까다롭다고 알려져 있긴 한데요, 이들 모두 우리나라에서 쉽게 접할 수 있는 종은 아니랍니다. 특히 알로에는 배수가 잘되는 따뜻한 기후에서 가장 잘 자랍니다. 우리나라에서는 중북부 지방은 겨울에 너무 춥기 때문에 남부 지방의 노지나 실내에서 알로에를 주로 재배하고 있지요. 거제도에 우리나라 최대 크기의 알로에 농장이 있다고 해요.

우리가 알로에에서 주로 이용하는 부위는 잎이라, 알로에의 꽃과 열매를 떠올리기란 쉽지 않지만 이들도 꽃을 피우고 열매를 맺습니다. 일본 도쿄에 갈 때마다 들르는 도쿄대학교 부속 식물원 앞쪽 길에는 알로에가 가로수로 식재되어 주황색의 아름다운 꽃을 피운답니다. 알로에가 약용이나 식용식물이 아닌, 관상식물로서 역할하고 있는 셈이죠.

이처럼 알로에가 하는 일이 많다 보니 알로에 산업은 오래전부터 발달해왔어요. 세계적으로는 매년 1,000억 달러 이상이 거래되고 있다고 알려져 있는데, 그중 90퍼센트가 음료 산업, 그리고 나머지는 화장품 산업에서 비롯된다고 합니다. 이렇게 거래되는 알로에 대부분은 미국에서 재배되고 있습니다. 알로에는 다른 식물들과 비교해보면 식물 연구의 가능성, 자원화 연구의 경제적인 효과를 가장 뚜렷이 보여주는 식물이 아닌가 해요. 식물은 싹을 틔우고 재배하는 데 오랜 시간이 걸려 당장의 경제적 효과를 기대하기 어렵다 보니, 선진국과 후진국 사이의 연구 정도가 점점 벌어져왔는데요. 알로에를 보면 식물 자원화 연구가 얼마나 중요한지 실감할 수 있죠. 우리나라에서도 알로에 생산량이 점점 늘고 있고, 자생식물 자원화 연구가 본격화되고 있다고 하니 다행이에요.

크고 * 오래된 * 나무의 * 생명력

얼마 전, 일본의 고치 현립 마키노 식물원에 다녀왔습니다. 식물학자 '마키노 도미타로*Tomitaro Makino*'의 고향인 고치 현에서 그를 기리기 위해 만든 식물원이에요. 마키노 도미타로는 "일본 식물학의 아버지"라 불리는 일본의 대표적인 식물학자입니다. 『하루 한 식물』이라고 국내에 번역된 저서도 있어요.

마키노는 식물학자이면서 식물세밀화가이기도 합니다. 자신이 발견한 식물들을 직접 그림으로 그려 발표도 하고, 이를 모아 『일본 식물지』라는 도감을 펴내기도 했죠. 개인적으로는 식물세밀화를 가장 잘 그리는 사람이 아닐까 할 정도로, 그림 실력 또한 뛰어나답니다. 저도 『일본 식물지』의 55년 판본을 소장하고 있어요. 일본을 방문하면 자주 들리는 자연과학 중

고서점이 있는데요. 그곳에서 책들을 뒤지다 이 책을 발견하고서는 정말 뛸 듯이 기뻤답니다. 각 페이지에 세 종의 식물세밀화와 함께 짧은 글이 수록되어 있어요.

마키노는 중학교 시절부터 산에서 식물을 수집해 독학으로 공부를 하다가, 스무 살이 넘어 뒤늦게 도쿄대학교에 식물학 전공으로 입학해 정규 교육 과정을 거쳤어요. 이후에는 식물학의 아버지와 같은 존재가 되었지요. 우리나라 자생식물 중에 마키노가 이름 붙인 경우도 많습니다. 식물의 학명은 보통 속명, 종소명, 명명자 이렇게 구성됩니다. 즉, 마키노가 명명한 식물들은 모두 학명의 마지막이 '마키노'로 끝나겠죠. 만약 학명의 명명자 자리에 마키노가 들어갔다면, 마키노가 발견해서 이름 붙이고 기록을 남긴 식물이라고 생각하면 됩니다. 마키노가 발견한 식물의 경우에는 그의 그림 실력이 뛰어나다 보니, 세밀화와 함께 기록된 자료가 많습니다. 그가 도쿄대학교 소속 학자였기 때문에 자료 중 많은 부분을 도쿄대학교에서 소장하고 있고요, 그 밖의 자료는 대부분 고치 식물원에서 소장하고 있습니다. 그분의 이름을 딴 정원으로 도쿄에 소재한 '마키노 메모리얼 가든'에도 일부 자료가 소장되어 있지요. 그런데 유의할 부분이 학명에 마키노가 들어간다고 해서 모두 마키노가 명명한 것은 아니란 거예요. 간혹 종소명에 마키노의 이름이 들어가는 경우가 있거든요. 이는 후학들이 마키노의 업적을 기리는 차원에서 신종을 발표할 때 '마키노이' 또는 '마키노엔시스' 등 종소명에 마키노의 이름을 넣은 것입니다. 이러한 식물이 95종이나 된다고 하니, 마키노의 명성이 얼마나 대단한지 조금은 실감하시겠죠?

일제 강점기를 거치며 마키노를 포함한 일본의 다른 식물학자들이 우리나라 자생식물을 명명한 경우가 여럿 있습니다. 학명 중에 종소명은 보통 식물의 형태적 특징이나 원산지 정보를 담고 있는 경우가 많은데요. 그 때문에 울릉도(당시 울릉도를 竹島라 칭함)에서 자라는 식물을 일본 학자가 먼저 발견한 경우엔 '다케시마엔시스*takesimaensis*'라고 명명했습니다. 이후 우리나라 학자가 독도와 그 주변에서 발견한 생물은 '독도엔시스*dokdoensis*'라고 명명했고요. 학명이 세계적 공인을 받고 나면 다시 바꾸기 어렵기 때문에, 우리나라 자생식물의 학명에 일제 강점기의 흔적이 고스란히 남아 있는 것을 발견할 수 있습니다.

우리나라 자생식물 중 마키노가 명명한 대표적인 식물이 바로 느티나무입니다. 느티나무*Zelkova serrata* (Thunb.) Makino의 종소명에서 "세라타*serrata*"는 '톱니가 있는'이란 뜻이에요. 느티

느티나무

Zelkova serrata (Thunb.) Makino

1 잎이 달린 가지 *2* 꽃 *3* 열매 *4* 씨앗 *5* 겨울눈

나무 잎을 자세히 보면 민무늬가 아닌 톱니가 있음을 알 수 있습니다. 바로 그러한 느티나무의 특징에서 붙여진 이름이지요.

제가 좋아하는 소설 중에 강신재 소설가의 『젊은 느티나무』라는 작품이 있는데요. 고등학생 때 처음 읽고 너무 좋아서 이후 수십 번은 봤을 거예요. 그래서 느티나무 하면 이 소설이 늘 함께 떠오릅니다. 소설의 마지막 부분에 주인공 숙희가 느티나무를 안는다는 표현이 나와요. 아름드리나무를 두 팔 벌려 안는 모습이 상상됩니다. 느티나무는 키도 크고 빨리 자라는 수목입니다. 또 오래 살기도 하고요. 은행나무처럼 오래 사는 천년목이라 우리나라 곳곳에 오래된 느티나무가 많습니다. 이렇게 오래되고 또 큰 나무를 '노거수'라고 부르는데요. 그중에서도 나무 나이가 100살 이상이거나 전설 등이 서려 그 의미가 있는 나무를 국가에서 보호수로 지정해서 보호하고 있어요. 경기도 내에 있는 보호수 중에 절반이 느티나무라는 조사 결과도 있답니다. 그래서 느티나무는 마을 수호신으로 받들어지는 경우도 많았습니다. 느티나무의 가지를 함부로 베었다가 병에 걸리거나 화를 당하는 내용의 전설도 많고요.

옛날부터 느티나무는 수형이 아름다워 관상수로도 사랑을 받아왔지만, 목질이 단단해 잘 뒤틀리지 않고 특유의 결과

빛깔이 아름다워 목재로도 많이 사용 되었습니다. 국립산림과학원에서 조사한 바로는 고려시대 목조 건축물의 55퍼센트, 그리고 조선시대 건축물의 21퍼센트가 느티나무를 목재로 하여 지어졌다고 합니다. 소나무도 목재로 많이 사용되어왔지만 삼국시대나 고려시대에는 소나무보다 느티나무를 더 상급으로 쳐서 궁궐 등의 중요한 목조건물을 짓는 데에 썼습니다. 실제로도 느티나무의 내구성이 소나무보다 좋다고 하고요. 소나무로 만든 건물 기둥이 백 년을 버틴다면, 느티나무의 경우는 삼백 년을 버틴다는 말이 있어요. 그런데 왜 숭례문은 소나무를 사용했을까요? 고려 말에 몽골이 침입하면서 산의 느티나무를 많이 베어버린 탓에 조선시대에 와서는 느티나무가 귀해졌기 때문입니다.

문득 주변의 노거수들이 대단해 보이지 않으세요? 환경적 요인으로 병들거나 산불로 타거나 외부 침입자로부터 베이지 않고 오랜 시간을 살아남은 그 나무들이야말로 강인한 힘을 지닌 생물이라는 생각이 듭니다. 저희 동네에 길 하나가 유난히 꼬불꼬불한데요. 알고 보니 오래된 큰 나무들을 피해서

도로를 만드느라고 길이 꼬불꼬불해졌다는 거예요. 그 이야기를 듣고서는 더 이상 도로가 곧지 않아 운전하기 힘들다고 투정 부리지 않게 되었죠. 나무를 새로 심을 수 없다면 오래된 나무들을 지키기라도 하는 게 우리의 역할일 테니까요.

~~~~~~~~~~~~~~~~
~~~~~~~~~~~~~~~~

no. 4 *Forsythia koreana* (Rehder) Nakai

개나리 * 열매를 * 본 * 적 * 있나요?

봄이면 식물들이 하나둘씩 꽃을 피우기 시작합니다. 꽃이 피는 데도 순서가 있어요. 생강나무, 산수유가 노란 꽃을 먼저 피우고 나면, 곧이어 개나리와 벚꽃, 라일락이 얼굴을 내밉니다. 그런데 기후변화로 예전보다 이르게 날이 더워지면서, 단순히 개화 시기가 앞당겨지는 게 아니라 식물이 혼란을 느껴 개화 순서가 엉망이 되고 있어요. 그러다 보니 식물에 매개하는 곤충, 더 나아가서는 숲에 사는 동물들까지 혼란을 느껴 숲의 생태계가 흐트러지고 있습니다.

보통 식물이 기온 변화를 감지하고 꽃을 피운다고 생각하기 쉽지만, 온도의 영향뿐만 아니라 더불어 중요한 것은 바로 해의 길이입니다. 이를 '광주기성'이라고 하는데요. 길어진

개나리

Forsythia koreana (Rehder) Nakai

1 꽃이 달린 가지 *2* 잎

낮의 길이를 통해 식물들이 계절을 인식하는 거죠. 플로리겐 *florigen*이라는 호르몬 덕분에 가능해요. 온도의 영향과 관련해서도, 단순히 기온이 높아졌다는 이유로 식물이 꽃을 피우는 것은 아닙니다. 반드시 겨울을 온전히 지내고 나서야 꽃을 피울 수 있어요. 겨울의 낮은 온도에 노출되어야 꽃의 분화가 일어나고, 그래야 봄에 꽃이 피는 거거든요. "추우면 힘들긴 하지만 춥지 않으면 만들 수 없는 것도 있어." 만화 『리틀 포레스트』에 나오는 대사예요. 이와 마찬가지로 식물도 겨울을 났기 때문에 비로소 봄에 꽃을 피울 수 있습니다.

매년 개화 시기 예측에 빠짐없이 등장하는 대표적인 봄꽃이 있습니다. 바로 개나리예요. 보통 명칭에 접두사 '개'가 붙으면 조금 못하거나 가짜라는 의미가 더해지는데요. 그래서 가짜 나리라는 뜻에서 '개나리'라고 불리기 시작했다는 이야기가 있어요. 또 다른 유래로는 조선시대 기록에 개나리를 가리켜 '개날'이라고 표기된 바 있다며, 나리에 접두사가 붙은 것이 아니라 하나의 명사로 '개날'이라는 명칭이 존재했다고 보기도 해요.

언뜻 개나리는 외국 수종처럼 보이기도 하지만, 개나리 ***Forsythia koreana*** **(Rehder) Nakai**의 종소명이 '코레아나***koreana***'라는 건 우리나라에서 발견된 식물이라는 뜻이겠죠. 개나리는 우리나라 원산의 자생식물입니다. 더 중요한 점은 전 세계에서 우리나라에밖에 없는 특산식물이라는 거예요. 주변에서 쉽게 볼 수 있는 꽃인데 우리나라에서만 자생한다니 의외죠? 그런데 사실 개나리를 주변에서 흔히 볼 수 있는 이유는, 개나리가 스스로 번식한 게 아니라 사람들이 많이 심었기 때문이에요. 보통 아파트나 건물 울타리용으로 개나리를 많이 식재하지요. 하천 주변에도 많이 심어두었고요. 그럼 자생하는 개나리는 어디 있을까요? 산에 있겠죠? 그런데 산에서도 개나리는 발견되지 않습니다. 만약 산에서 개나리를 보았다면 그건 개나리가 아니라 다른 종인 산개나리이거나, 자생한 것이 아니라 등산로 주변에 개나리 모종을 심은 경우일 거예요.

그렇다면 개나리는 어떻게 처음 발견된 걸까요? 개나리를 처음 발견하고 존재를 알린 사람은 러시아의 식물학자 이반 팔리빈*Ivan Palibin*입니다. 그는 1900년 개나리를 처음 발견했는데, 이 식물을 개나리가 아니라 중국에 있는 같은 속의 다른 식물로 착각했습니다. 이후 1924년, 구상나무를 발표한 적도 있는 식물학자 윌슨*Earnest H. Wilson*이 개나리를 한국에서만 자생하는 특산식물이라고 발표했습니다. 특산식물이란 특정 해당 국가에서만 자생하는 식물을 말하는데요. 크게는 대륙까지 분포 범위가 확장되기도 하지만, 보통은 한 국가에서만 사는 식물이라고 생각하면 돼요.

윌슨이 발표할 당시 증거 표본은 지리산에서 발견된 것입니다. 그러나 식물학자들이 계속해서 개나리 자생지를 조사하며 여러 곳을 찾아다니고 있지만, 자생하는 개나리를 발견했다는 기록은 아직까지 없어요. 대신 개나리가 우리나라 특산식물임을 알리기 위해 최근 국립수목원에서는 영명을 수정하는 작업을 했습니다. 원래는 개나리를 영명으로 '골든 벨 트리*Golden Bell Tree*'라고 불렀는데요. 특산식물인 만큼 '개나리'라고도 부를 수 있게 바로잡았지요. 그러니 이젠 외국인 친구들에게 이 식물의 이름을 '개나리'라고 소개해도 되는 거죠.

그래도 식물이라면 열매를 맺고 씨앗으로 번식할 수 있지 않을까 하는 궁금증이 생길 텐데요. 혹시 개나리 열매를 보신 분 계신

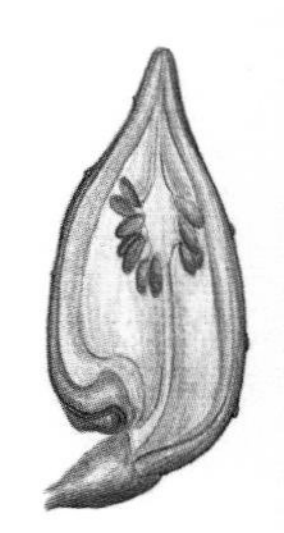

개나리의 열매와 씨앗

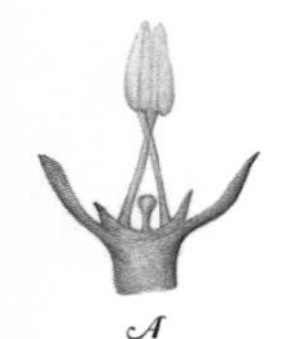

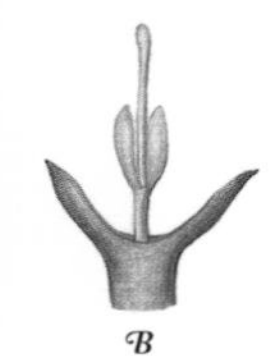

A_ 단주화
B_ 장주화

가요? 씨앗은요? 없죠. 은행나무가 암수딴그루인 것처럼 개나리도 장주화와 단주화 두 가지로 나뉩니다. 엄밀히 따지면 암꽃, 수꽃과는 조금 다른 개념이긴 한데요. 장주화는 수술이 퇴화하고 암술만 발달한 꽃이고, 단주화는 반대로 암술이 퇴화하고 수술이 발달한 꽃입니다. 번식을 위해서는 장주화와 단주화 모두 있어야 할 텐데, 우리가 도시에 심는 개나리는 모두 단주화입니다. 개나리를 자세히 살펴보면 가운데 암술이 짧고 곁에 수술만 길게 나 있는 걸 발견할 수 있을 거예요. 그래서 당연히 수정도 하지 못하고 열매도 맺지 못하죠. 스스로 번식하지 못하고 인간에 의해 꺾꽂이 등의 방식으로만 번식하는 거예요.

비록 지금이야 우리 주변에 개나리가 흔하지만, 이렇게 자생하는 개체도 없는데 유전적 다양성마저 없는 경우 최후엔 멸종할 수밖에 없습니다. 이런 상황에 처한 개나리를 좀 더 아끼는 마음으로 바라봐주면 좋겠어요. 단어를 하나하나 배워가는 어린 시절, 꽃 중에 가장 먼저 외운 단어가 아마 '개나리'나 '진달래'일 거예요. 우리 곁에 늘 함께하는 식물이니까요. 그런데 우리는 너무 잘 보인다는 이유로 오히려 쳐다보질 않습니다. 다가오는 봄에는 벚나무만큼이나 개나리에도 자주 시선을 건네주세요.

no. 5 *Syringa vulgaris* L.

식물을 * 감각하는 * 방법

봄에 길을 걷다 보면 문득 기분 좋은 향기가 나서 걸음을 멈추게 됩니다. 바로 라일락에서 나는 향기예요. 식물을 관찰하고 감각하는 방법에는 여러 가지가 있습니다. 보는 것 말고도 심지어 촉감으로도 느낄 수 있죠. '램스이어*Lamb's ear*' 같은 식물은 잎에 털이 많은데, 만져보면 꼭 동물 털처럼 부드러워요. 어떤 식물에서는 가죽 질감이 느껴지기도 하고요. 장미의 줄기는 뾰족한 가시 때문에 만지면 따갑죠. 그리고 맛으로도 식물을 감각할 수 있을 겁니다. 저는 맛으로 느껴보는 게 참 좋더라고요. 나물을 먹을 때면 잎의 맛으로 식물을 식별하곤 해요. 비록 식물이 직접 소리를 내지는 않지만 소리로도 느껴볼 수 있어요. 벼나 보리 잎사귀 사이를 바람이 지날 때 그 사각거리는 소리를 들어본 적 있으세요? 최근에는 일부러 새가 좋아하는 식물을 심어 유인한 다음 그 소리를 즐기는 '소리 정원'도 곳곳에 생기고 있어요.

그렇지만 아무래도 식물을 느끼는 가장 보편적인 방법은 바로 후각을 이용한 것일 겁니다. 꽃을 보면 자연스레 코를 대고 냄새를 맡곤 하잖아요. 허브식물은 그 냄새 때문에 사람들이 더 많이 찾고요. 화백이나 편백 같은 바늘잎나무에서 나는 냄새도 많이들 좋아하죠. 식물에서 냄새가 나는 건 휘발성 유기화학 혼합물을 식물이 배출하기 때문인데요. 그 혼합물의 구성 성분에 따라 각각 다른 냄새가 나요. 식물은 기본적으로는 번식을 목적으로 냄새를 풍깁니다. 스스로 움직이지 못하므로 동물을 불러들이기 위해 그들이 좋아하는 냄새를 뿜는 거죠. 간혹 식물에 따라 열매나 잎에서 독성이 있는 냄새를 풍길 때도 있지만요.

사람들은 식물의 냄새를 아로마로 이용하기도 합니다. 그래서 향수나 화장품을 만들 때 식물을 주로 이용하죠. 〈향수〉라는 영화를 보면 주인공이 향기를 만들기 위해 식물을 계속 만져보며 잘라서 기구에 넣습니다. 그중에는 장미도 여러 번 등장하죠. 실제로 향수산업이 발달한 프랑스에서는 장미를 품종별로 많이 육성해와서, 장미 품종의 이름이 프랑스어인 경우가 많아요.

봄은 특히 후각으로 식물의 존재를 느낄 수 있는 시기입니다. 그중 냄새를 가장 강하게 뿜는 식물은 라일락이에요. 라일락은 워낙 향기로 유명해 화장품이나 디퓨저, 향초로도 많이 만들어지고 있죠. 라일락은 수수꽃다리속에 속하는 식물을 총칭합니다. 수수꽃다리속은 라틴어로 시링가*syringa*, 혹은 사이링가라고 부르는데요. 줄기 속이 비었다는 의미인 그리스어 '시링스*syrinx*'에서 유래된 것입니다. 수수꽃다리속 식물은 세계적으로 서른 종 정도가 분포하는데, 보통 원예종을 라일락이라고 부르고, 2,500여 품종이 육성되었어요. 라일락은 암수한그루로, 4월부터 한 달 정도 꽃을 피웁니다. 꽃의 빛깔은 보라색, 흰색, 분홍색 계열이 많은데, 하나만 피는 것이 아니라 여러 개의 작은 꽃이 원추형 모양을 이루며 피어납니다. 라일락은 품종마다 향기도 조금씩 다르답니다. 애초에 라일락의 경우 육성할 때 향기에 집중하기 때문에, 품종마다 향기의 강도나 종류가 다 달라요. 정원수로 심을 경우에 꽃을 빨리 피우는 조생종부터 천천히 피우는 만생종까지 함께 심어두면 오랫동안 라일락 향을 즐길 수 있지요.

현삼목 물푸레나무과 수수꽃다리속

우리가 도시에서 볼 수 있는 라일락은 대부분 원예종이지만, 산이나 들에서도 라일락과 비슷한 수수꽃다리속 식물을 만나볼 수 있어요. 우리나라에서는 수수꽃다리, 개회나무, 버들개회나무, 꽃개회나무, 털개회나무 이렇게 다섯 종이 자생하고 있습니다. 라일락 원예종보다는 향기나 꽃의 형태가 좀 잔잔한 편이에요. 흔히들 헷갈리곤 하지만 라일락과 수수꽃다리는 다른 종입니다. 수수꽃다리는 우리나라에 분포하고, 라일락은 불가리스*Syninga vulgaris* L.라는 종을 일컫습니다.

도시에서 볼 수 있는 라일락 중 유명한 품종이 하나 있는데요, 바로 세계적으로도 인기가 높은 '미스김 라일락'이에요. 미스김 라일락은 우리나라와 인연이 깊습니다. 1947년, 군인이자 식물학자였던 엘윈 미더*Elwyn M. Meader*가 북한산에서 자생하는 수수꽃다리속의 털개회나무 개체 열두 개를 채집해 미국으로 가져가 개량했습니다. 그때 그 일을 돕던 여직원의 성씨가 김이었죠. 그래서 육성한 라일락을 '미스김 라일락'이라고 이름 붙였대요. 미스김 라일락은 다른 라일락보다 추위에도 강하고 꽃이 오래 피어 세계적으로 사랑받아왔어요.

우리나라에도 1970년대부터 들어와 식재되기 시작했습니다. 어떻게 생각하면 역수출이죠. 그러나 로열티를 주장하기도 어렵습니다. 미스김 라일락 말고도 구상나무, 산딸나무, 원추리, 호랑가시나무 모두 미국에서 자신들의 식물유전자원으로 등록했어요. 우리가 생물 주권의 중요성을 미처 깨닫지 못했던 때 미국이 먼저 등록한 거예요. 미국이 워낙 강대국이라 어떤 주장을 하기는 힘든 상황이지만, 이제라도 식물 주권의 중요성을 알고서 그 자원화 가능성을 염두에 두고 연구를 이어가는 것이 우리에게 남은 몫일 겁니다.

no. 6 *Abeliophyllum distichum* Nakai

전 * 세계 * 유일한 * 꽃 * 축제

미선나무를 처음 만난 건 국립수목원에서였습니다. 학부를 막 졸업하고 수목원을 일터로 삼았을 때였죠. 봄이 오기 시작할 즈음이었어요. 키 작은 나무들이 모여 사는 관목원에서 완전히 흰색이라고 하기엔 어려운, 노란빛이 도는 미색의 꽃나무 세 그루를 보았습니다. 개나리와 비슷하게 생겼는데 나무 아래 이름표를 보니 미선나무였어요. 유난히 향기가 짙은 흰색의 개나리. 미선나무에 대한 제 첫인상은 이랬어요. 그렇게 봄이 지나고 여름이 되어 그곳을 다시 찾았을 때, 꽃이 있던 자리에는 연두색 하트 모양의 열매가 달려 있었습니다. 열매는 계절이 지나면서 연두색에서 분홍빛으로, 또 갈색빛으로 물들어갔지요.

수목원에서 일하기 전까지 미선나무를 찾아볼 수 없었

던 건 이들이 도시 안에서 널리 재배되는 원예식물이 아닐뿐더러 우리나라 산과 들에서 흔히 볼 수 있는 식물도 아니었기 때문이에요. 미선나무는 전 세계에서 우리나라 일부에서만 자생하는 한국의 특산식물입니다. 자생지가 천연기념물 14호로 지정되기도 했고요. 흰개나리라고 불릴 정도로 개나리와 비슷한 점이 많답니다. 둘 다 물푸레나무과로 친척뻘인 데다, 미선나무도 개나리와 마찬가지로 암술이 수술보다 긴 '장주화'와 수술이 암술보다 긴 '단주화' 두 가지 종류의 꽃이 핍니다. 가끔가다 흰색뿐만 아니라 옅은 분홍색을 띠는 꽃을 피우는 분홍미선나무, 푸른빛의 꽃을 피우는 푸른미선나무도 볼 수 있는데, 이들은 변종에 속합니다.

미선나무 꽃

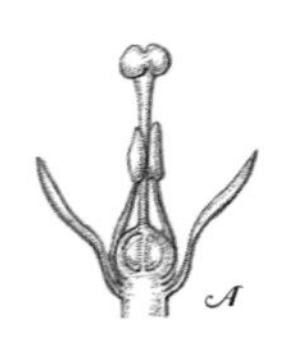

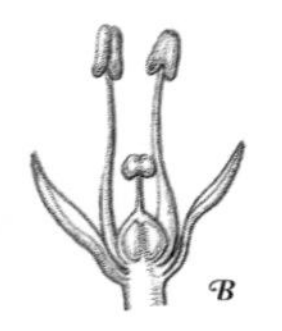

A_ 장주화
B_ 단주화

미선나무는 충북 진천군 초평면에서 처음 발견되었습니다. 그런데 미선나무의 학명은 '***Abeliophyllum distichum* Nakai**'입니다. 어째서 우리나라 자생식물의 학명에 일본사람의 이름이 들어간 걸까요? 우리나라 1세대 식물학자

미선나무

Abeliophyllum distichum Nakai

1 미선나무 *2* 분홍미선나무 *3* 상아미선나무

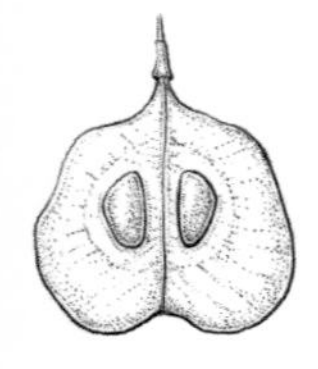

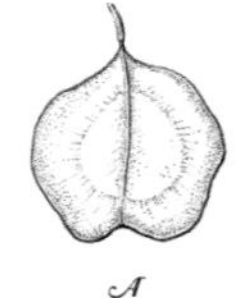

𝒜

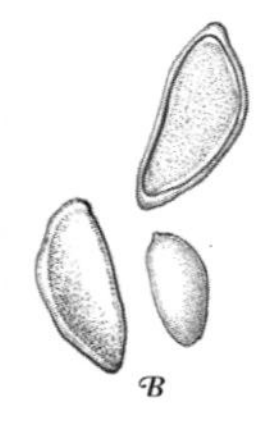

ℬ

𝒜_ 열매
ℬ_ 씨앗

중 한 사람인 정태현 선생이 처음 이 나무들을 발견하였는데 미처 학회에 발표하지는 못했습니다. 그 대신 함께 조사에 나섰던 일본의 대표적인 식물학자, 나카이에 의해 1919년 미선나무가 세계에 알려졌지요. 지금으로부터 딱 100년 전의 일입니다. 《동경식물학잡지》에 발표될 당시 미선나무의 이름은 우치와노키, 우리말로 부채나무였어요. 우리나라 국명인 미선나무는 나무의 열매가 미선부채 모양을 닮았다고 해서 붙여진 이름입니다. 일본 식물학자에 의해 발표되었기 때문에 미선나무의 기준표본(식물 종의 기준이 되는 증거 표본)은 지금까지 나카이가 소속되어 있던 도쿄대학교의 표본관에 소장되어 있습니다. 우리나라의 특산식물임에도 불구하고 가장 중요한 기록물이 일본에 있다니 안타까운 일이죠.

그나마 위안이 되는 부분은 미선나무의 연구와 보존이 다른 특산식물들에 비해 잘 되어 왔다는 것입니다. 1962년 미선나무가 처음 발견된 자생지인 진천군과 그 근처의 괴산군 자생지가 천연기념물로 지정된 것을 시작으로, 이후 발견된 괴산군, 영동군, 부안군의 자생지가 모두 천연기념물로 지정되어 보호받고 있습니다. 다만 안타깝게도 미선나무가 처음 발견된 진천군 자생지는 천연기념물로 지정된 지 얼마 되지 않아 해제되고 말았습니다. 사람들이 미선나무를 무분별하게 훼손했기 때문이에요.

주 자생지인 충북 괴산에서는 미선나무를 알리기 위해 많은 노력을 해오고 있습니다. 미선나무 마을을 만들고, 매해 미선나무 개화 시기를 맞아 축제를 열기도 하고요. 비록 다른 지역에서 열리는 매화 축제나 벚꽃 축제만큼 많이 알려지진 않았지만, 전 세계 어디에서도 만날 수 없는 세계 유일의 축제이기에 그 가치가 큽니다. 꽃 축제는 단순히 지역 경제를 위한 유인책으로 여는 것이 아닙니다. 그 궁극적인 목적은 사람들에게 해당 식물의 존재와 가치를 알게 하고, 보존의 중요성을 이야기하는 데에 있어요. 전 세계에서 유일한 미선나무 축제가 매년 우리 가까이에서 열리고 있으니 언젠가 꼭 한 번 들러보면 어떨까요.

no. 7 *Pinus densiflora* Siebold & Zucc.

좋아하는 * 것과 * 아는 * 것의 * 차이

제가 국립수목원에 소속되어 일하는 동안 가장 오랫동안 집중해서 그렸던 식물은 바로 구과식물이었습니다. 소나무나 잣나무, 전나무, 향나무, 측백나무, 편백 등의 식물류로 거의 3년 남짓 그렸던 것 같아요. 구과식물은 우리나라 산림에서 큰 부분을 차지하고 있는데요. 20퍼센트 이상이 소나무입니다. 다섯 그루 중에 하나는 소나무란 뜻이죠. 구과식물들은 키도 굉장히 커서 세밀화를 그리기 위해 식물을 채집할 때는, 펼치면 4미터 정도 되는 긴 채집가위를 들고 다녀야 했어요. 그래서 소나무를 보면 그때의 열정 넘치던 시절이 떠올라 마음이 괜히 뭉클해져요.

소나무는 우리나라 사람들이 제일 좋아하는 나무입니

소나무목 소나무과 소나무속

다. 그래서인지 우리나라 예술가들이 소나무에서 영감을 받아 작업하는 경우도 많죠. 소나무만 촬영하는 사진작가도 있고 소설이나 시에 소나무가 등장하기도 합니다. 애국가에도 나오는 것을 보면 소나무가 우리나라에서는 하나의 상징처럼 작용하는 것 같아요. 소나무는 척박한 환경에서도 곧게 뻗어 나가며 아주 잘 자랍니다. 돌산에도 소나무는 있으니까요. 소나무의 이런 모습이 여러 힘든 환경에서도 무너지지 않고 꿋꿋이 일어서는 우리나라 국민들의 기상과 닮았다며, 우리나라를 대표하는 상징 중 하나로 여기는 것 같습니다.

그런데 소나무의 영명이 '재패니즈 레드 파인 트리*Japanese red pine tree*'여서 논란이 되어왔습니다. 소나무는 우리나라에 주로 분포하는 데다 국가의 상징처럼 여겨지고 있는데 영명이 '일본의 붉은 소나무'라니 당황스러울 수밖에요. 그 연유는 일본에서 소나무를 처음 발견했을 때, 일본에서 발견한 소나무란 의미에서 그런 영명을 붙여 일본 식물지에 발표했기 때문이에요. 그 이름을 먼저 접한 사람들이라면 소나무를 당연히 일본 원산이라 여길 테죠. 학명 다음으로 많이 쓰이는 게 영명이니까요. 그래서 우리나라 산림청과 국립수목원에서는 '국가표준식물목록'을 통해 우리나라 식물명을 바로잡는 사업을 진행하는 과정에서 소나무의 영명도 바로잡으려고 했습니다. 우리나라에서라도 먼저 소나무의 영명을 '코리안 레드 파인 트리*Korean red pine tree*'라고 바로잡아 알리려 하고 있어요. 학명은 한 번 정해지면 바꿀 수 없지만, 영명이든 국명이든 일반명은 사람들이 보편적으로 많이 사용하는 이름을 '정명'으로 하거든요.

소나무는 구과식물이면서 바늘잎나무입니다. 추운 겨울에도 초록 잎을 틔우고 있는 늘푸른나무죠. 흔히 소나무속*Pinus* 식물을 총칭해서 소나무라고 부릅니다. 바늘잎나무 중에 소나무속이 종수가 가장 많은데요, 세계적으로 백여 종 정도가 있다고 해요. 우리나라에서는 소나무와 잣나무가 대표종이죠. 소나무와 잣나무는 잎의 개수로 가장 쉽게 구분할 수 있습니다. 대개 잎이 두 개면 소나무, 다섯 개면 잣나무예요. 물론 예외는 있지만요.

소나무 중에서는 적송이 대표적입니다. 수피가 붉어서 적송이라고 부르죠. 워낙 인기가 많아 개량 품종이나 변이종이 많은 편이에요. 또 강원도 금강산 지대부터 경북 지역에 분포하고 있는 금강소나무도 있습니다. 그 밖에 우리나라에 자생하고 있는 또 다른 소나무로, 주로 우리나라와 일본 바닷가에 분포하고 있는 곰솔이 있습니다. 해송 혹은 흑송이라고도 하죠. 그

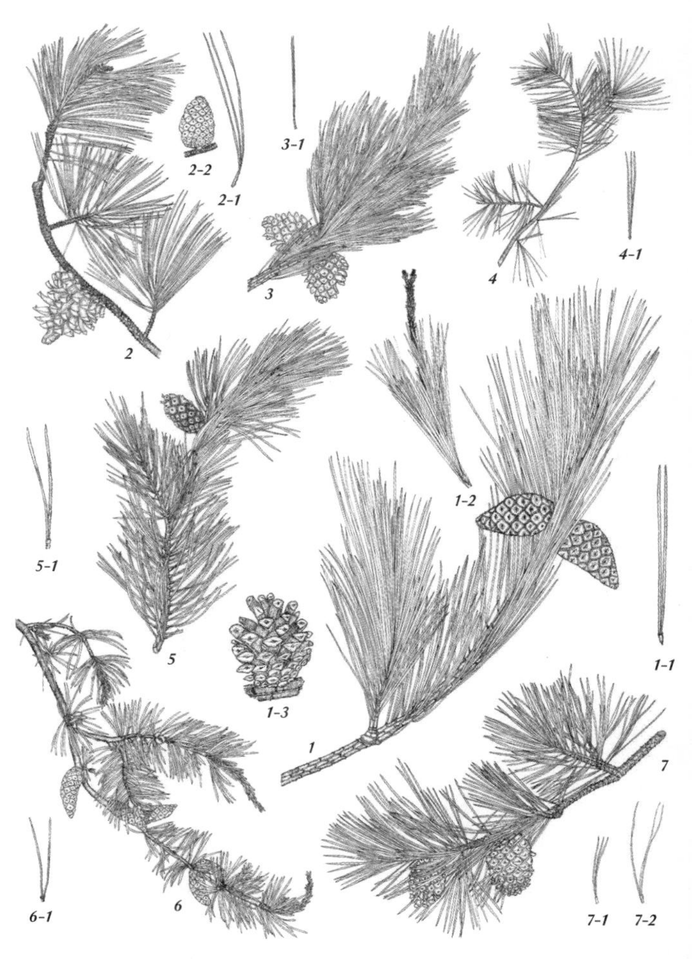

1 소나무*Pinus densiflora* Siebold&Zucc. *2* 테다소나무*Pinus taeda* L. *3* 곰솔*Pinus thunbergii* Parl.
4 백송*Pinus bungeana* Zucc. ex Endl. *5* 구주소나무*Pinus sylvestris* L.
6 방크스소나무*Pinus banksiana* Lamb. *7* 리기다소나무*Pinus rigida* Mill.

리고 구주소나무와 구주소나무의 변종 중에 백두산에 자생하는 미인송도 있습니다. 금강송과 함께 중국에서 보호 수종으로 지정해 보호하고 있어요. 그 밖에 잎도 짧고 열매도 작아 '짧은 잎 소나무'라고도 불리는 방크스소나무도 있고요.

그런데 소나무속 식물의 바늘잎을 떼어보았을 때 잎의 개수가 세 개나 네 개인 경우도 있어요. 수피가 흰 백송일 거고요. 이들은 리기다소나무나 테다소나무입니다. 이 두 나무는 목재로 많이 쓰이는데 각각의 장단점이 있어요. 테다소나무는 목재가 곧고 생장 속도도 빠르지만 추위에 약하고 척박한 땅에서 잘 자라지 못합니다. 그런데 리기다소나무는 추위에 강한 대신 목재가 곧지 않고요. 그래서 이 둘을 보완하기 위해 1950년대 초반, 현신규 박사가 두 종을 교잡해 '리기테다소나무'를 육성했답니다. 우리나라 남부 지역에 많이 심어졌어요.

잎이 다섯 개인 잣나무는 원래 백두대간을 중심으로 고지대에 분포해왔습니다. 땅에 거의 붙은 듯 낮게 자라는 눈잣나무는 주로 중국, 몽골, 러시아 쪽에서 분포하는데, 우리나라에서는 설악산 이북의 고지대에만 분포하죠. 섬잣나무는 우리나라와 일본에만 분포하고 있는데, 우리나라에선 울릉도에서밖에 볼 수가 없어요. 이렇듯 잣나무는 전 세계에서도 동북아

소나무목 소나무과 소나무속

일부 지역에만 제한적으로 분포하고 있기 때문에 보호가 필요합니다. 우리 주변에서 볼 수 있는 잣나무는 대부분 심은 것입니다. 도시에는 스트로브잣나무가 많아요. 잎의 길이가 가장 긴 편이고, 구과도 세로로 길쭉하죠.

조선시대부터 소나무를 귀하게 여겨 법으로 벌채를 금지한 덕분에 우리나라에는 소나무가 많은 편이긴 하지만, 최근 소나무재선충병이 유행하면서 소나무 보호에 비상이 걸렸습니다. 소나무속 중에서도 소나무와 곰솔, 잣나무가 쉽게 감염된다고 해요. 소나무재선충은 식물에 기생하는 선충인데요. 스스로 이동하지는 못하고 솔수염하늘소와 북방수염하늘소 등을 매개곤충으로 삼아 나무에 옮아갑니다. 여기에 감염되면 수십 년 자란 소나무도 몇 개월 안에 죽는다고요. 현재 기술 수준으로는 병에 걸린 나무는 치료할 수 없어, 미리 나무에 주사액을 넣어 예방하는 수밖에 없습니다.

제가 소나무 세밀화를 그리는 동안 느꼈던 점은 늘 우리 가까이 있어 잘 안다고 생각하는 것들을 오히려 놓치기 쉽다는 것입니다. 희귀 식물이나 멸종 위기 식물보다 오히려 근처 앞산의 소나무에 대해 모르는 게 더 많을 수도 있어요. 내가 알고 있다고 생각하는 것이 맞는지도 늘 검토하고 되돌아봐야 하고요. 어쩌면 이건 연구에서뿐만 아니라 사람관계에 있어서도 필요한 자세일 거예요.

맞는 * 이름을 * 찾아주세요

봄이면 날씨가 따뜻해져 나들이 다니기에 참 좋은 계절인데, 안타깝게도 미세먼지와 황사 때문에 외출이 고민스러운 날이 많아졌습니다. 이렇게 공기 오염이 심각한 문제로 대두되면서 정원수나 가로수 등 도시 식물의 공기 정화 효과에 대한 연구가 많이 이뤄지고 있어요. 가로수로 공기 정화 효과가 있는 식물을 심으려는 거죠. 가정에서도 공기 정화용 식물에 대한 관심이 커지고 있는데요. 최근 공기 정화용 식물로 꽃시장에서 가장 인기가 높은 식물이 바로 스투키입니다.

저도 얼마 전에 양재 꽃시장에 다녀왔는데, 스투키의 인기가 대단했습니다. 5년 전에는 일자 모양의 기본형만 판매되고 있었는데, 점차 장식성이 강해져서 잎을 꼬아두기도 하더

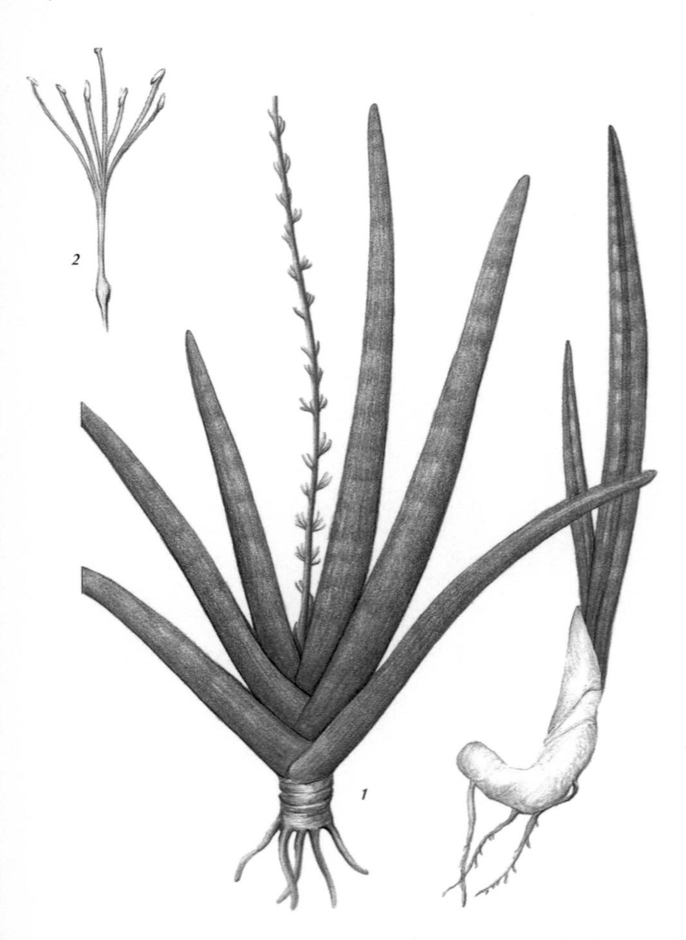

실린드리카 산세베리아
Sansevieria cylindrica Bojer

1 전체 모습 *2* 꽃

스투키 산세베리아
Sansevieria stuckyi God.-Leb.

라고요. 최근에는 스투키 잎의 윗부분에 페인트칠까지 해두었습니다. 우리나라에서만 그러는 건 아니고, 유럽에서 스투키를 유통할 때도 이런 식으로 장식을 많이 해요.

꽃시장도 나라별로 그 풍경이 조금씩 다릅니다. 비슷한 식생의 동북아의 경우에도 유행하는 식물이나 판매하는 품종은 비슷할지라도, 나라마다 특징이 다릅니다. 아무래도 일본은 오래전부터 화훼산업이 크게 발달해서 한 식물군이라도 여러 개의 품종을 컬렉션처럼 판매하고 있어요. 흔히 '덕후'라 말하는 일본 특유의 마니아 문화가 화훼산업이나 식물 연구에서도 뚜렷이 드러납니다. 중국, 대만, 홍콩 등 중화권 국가의 경우에는 특

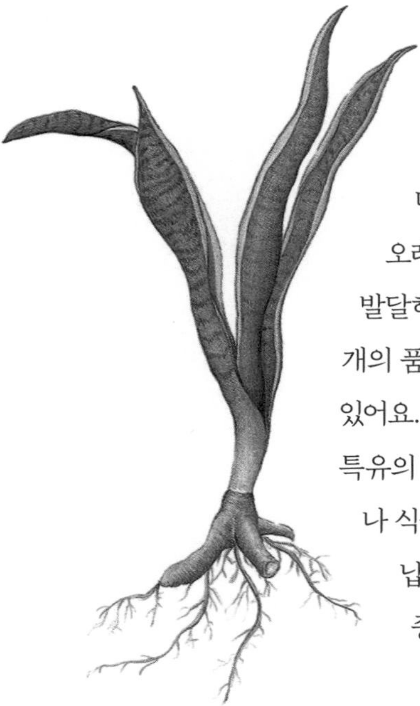

산세베리아 '라우렌티'

Sansevieria trifasciata var. *laurentii* (Dewild.) N.E.Br.

이하게 꽃시장 중심부에 제사를 지내는 공간이 마련되어 있습니다. 우리나라와 비슷하게 요즘엔 다육식물이 인기가 많은데, 식물이 대부분 빨간색으로 장식되어 있습니다. 중화권에서는 빨간색이나 금색을 선호하는 편이라서요. 그리고 우리나라에 비해서 열매가 달리는 과실수의 인기가 높습니다. 금귤나무도 분화용 매장에서 판매되고 있더라고요. 대만의 경우엔 따뜻한 기후에 워낙 식물들이 잘 자라기 때문에 식물에 대한 관심이 높은 편입니다. 그래서 화훼식물의 종류도 굉장히 다양하죠. 절엽류 같은 장식용 잎 종류도 많고요. 우리나라는 일본이나 중화권 국가보다는 화훼산업의 규모가 작고, 식물이 유행을 많이 타는 편입니다. 요즘 우리나라 꽃시장에서 특히 인기가 많은 종이 바로 스투키고요.

그런데 우리가 스투키로 알고 있는 식물이 사실은 스투키가 아니라는 것을 알고 계시나요? 시중에 스투키로 유통되고 있는 식물의 대부분은 '실린드리카 산세베리아'(국가표준식물목록상 '스피어 산세베리아'가 추천명이지만, 실린드리카로 주로 유통되고 있어 본 명칭을 따른다.)라는 종입니다. 산세베리아는 잎의 무늬가 뱀 같다고 해서 '스네이크 프랜트*snake plant*'라는 영명으로 불리는데요. 원산지는 대부분 아프리카나 인도 쪽으로, 건조한 곳에서 자생하는

백합목 아스파라거스과 산세비에리아속

다육식물입니다. 우리나라에서는 새집 증후군을 일으키는 포름알데히드를 억제하는 데 도움을 준다고 해서 산세베리아속 식물들의 인기가 높아졌고요. 실제로 다른 관엽식물보다 공기 중 유해 물질을 분해한다는 음이온 발생이 2~3배 높다는 연구 결과가 일본에서 발표된 바 있습니다.

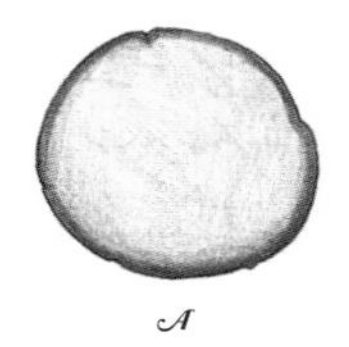

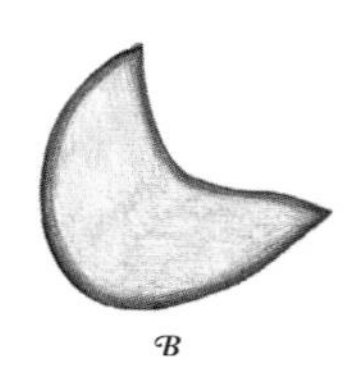

A_ 실린드리카의 잎 단면
B_ 스투키의 잎 단면

그렇다면 왜 우리나라에서는 실린드리카 산세베리아를 스투키라고 부르는 걸까요? 제가 농촌진흥청의 관련 자료도 살펴보았는데요. 우리나라에 스투키가 유통된다는 기록은 있지만, 실린드리카에 대한 자료는 없었어요. 그런데 스투키는 분명 실린드리카와 다른 종입니다. 같은 가족이라 비슷한 모습이긴 하지만, 잎에 홈이 나 있어요. 실린드리카는 우리가 알고 있듯 잎이 원형 기둥 모양이고요. 스투키는 실린드리카보다 생장 속도가 좀 느린 편인데요. 그래서 아무래도 생장이 빠른 실린드리카를 스투키라는 이름으로 유통하고 있는 게 아닐까 싶어요. 우린 이제 이런 상황을 알았으니, 지금이라도 제대로 식물의 이름을 불러줘야 하지 않을까요? 해당화를 장미라고 부를 수는 없으니까요.

실린드리카는 다른 산세베리아종 식물이 그렇듯 아프리카나 인도에서 자생하지만, 우리가 키우는 대부분은 아시아 특히 동남아나 중국 쪽에서 대규모로 재배된 것입니다. 실린드리카는 잎을 잘라서 심는 방식으로 증식하는데, 그래서 아직 뿌리가 채 나오지 않은 상태로 유통이 되는 경우도 많아요. 그리고 앞서 말했듯 잎을 땋거나 화려한 색의 페인트에 잎을 담가서 색을 입히기도 하고요. 스투키의 인기가 많아지자 좀 더 화려한 형태나 색으로 꾸며 장식성을 높이려고 한 거죠. 그렇지만 실린드리카는 흰색 꽃을 피우기도 하고, 그 자체만으로도 충분히 아름답습니다. 웬만하면 자연 그대로의 모습으로 사람들이 만족해주면 좋을 것 같아요.

실린드리카는 재배가 까다롭지 않습니다. 원산지가 비가 거의 오지 않는 사막 지역이기 때문에 물은 2주에 한 번 정도 주면 돼요. 겨울엔 아예 안 줘도 될 정도고요. 대신 물 빠짐이 좋아야 합니다. 물을 한 번 줄 때, 물 빠짐이 충분히 잘되는 것을 확인할 정도로 흠뻑 주면 돼요. 식물을 재배할 때 가장 위험한 방식은 물을 조금씩 자주 주는 것입니다. 충분히 수분을 섭취했다는 것을 식물이 알 수 있을 만큼 물을 주는 게 좋아요.

실린드리카는 처음에는 잎이 일자 모양이지만 재배하다 보면 옆으로 잎이 하나씩 나면서 결국 부채꼴 모양이 됩니다. 잎들이 다 자라면 1미터가 넘기도 하고요.

식물을 키울 때 보통 그 이름으로 검색해 정보를 얻곤 하는데요. 그래서 식물 이름을 제대로 아는 것이 올바른 정보를 얻기 위한 첫 번째 단계죠. 그럼 이 실린드리카는 어떤 이름으로 검색해야 할까요? 우리가 스투키로 알고 있던 식물이 실린드리카였음을 이제 알았지만, 여전히 꽃시장에서는 스투키로 유통되고 있기 때문에 어쩔 수 없이 '스투키'라는 이름으로 검색해야겠죠. 지금 당장에 원래 이름으로 되돌릴 수는 없겠지만 소비자들이 자꾸 스투키와 실린드리카를 구분해서 찾는다면, 언젠가는 제대로 된 이름으로 유통될 수 있을 거예요. 실린드리카에게도 제 이름을 찾아줘야죠.

공 항 * 꽃 집 에 는 * 어 떤 * 식 물 이 * 있 을 까 ?

꽃이나 식물을 사려고 한다면 가장 먼저 근처의 꽃집부터 찾을 거예요. 그런 꽃집들은 일반 소비자를 위한 소매화원일 확률이 높고요. 꽃집 역시 옷 가게처럼 소매상을 위한 도매화원, 일반인에게 판매하는 소매화원으로 나뉘어 있거든요. 절화의 경우 양재 꽃 도매시장이나 남대문, 고속터미널에 도매화원이 밀집되어 있고, 분화의 경우 과천이나 경기도 광주, 파주, 일산 등 서울 외곽에 도매화원이 많은 편이에요. 물론 요즘은 온라인으로 식물을 사고파는 일이 많아지면서 도소매의 경계가 흐려지고 있긴 합니다.

그런데 같은 소매화원이라고 해도 목적이나 공간의 위치에 따라 조금씩 그 형태가 다릅니다. 동네의 꽃집이 일반적인 모습이라고 한다면, 호텔 내부에 위치하면서 대형 프로젝트를 주로 담당하는 꽃집도 있고요. 씨앗이나 원예용품, 심지어 비닐하우스 구조물까지 판매하는 종합원예점도 있어요. 전 프랑스 파리의 한 종합원예점에서 양봉기구를 판매하는 것도 봤답니다. 소매화원을 개인이 운영하는지, 프랜차이즈 체인점인지, 협력점인가에 따라서도 조금씩 차이가 있어요.

아무래도 소비자들이 주로 찾는 꽃을 화원에 많이 들여놓을 텐데, 그래서 꽃집은 지리적 영향도 많이 받는 편입니다. 주택 아파트 단지에 있는 꽃집의 소비층은 주로 주부입니다. 그래서 집에 둘 화분이나 분화를 많이 찾기 때문에 꽃집에서는 특히 선인장이나 다육식물 등 공기정화식물들을 많이 진열해 두어요. 그렇지만 같은 주택가라도 소도시나 시골의 경우에는 씨앗이나 모종, 원예용품 위주로 판매하고 있고요. 또한 명동이나 강남역 등 시내 중심가에 위치한 꽃집에서는 주로 절화 꽃다발을 판매합니다. 호텔에 있는 화원의 경우엔, 정가가 조금 높을지라도 디자인 요소를 살린 꽃다발을 판매하죠.

제가 이런 이야기를 꺼낸 건, 인천공항에서 마침 꽃집에 들를 일이 있었기 때문이에요. 인천공항에서 식물을 사려는 소비층은 보통 어떤 사람들일까요? 비행기를 타고 한국에

막 도착한 사람을 환영하기 위해 식물을 구매하려는 사람들이겠죠. 그래서인지 그곳에서는 장미나 튤립, 국화 등 꽃다발용 절화 위주로 판매되고 있었습니다. 그런데 특이했던 부분은 다른 꽃집에서는 쉽게 볼 수 없는 화관과 리스가 많았다는 거예요. 화관은 흔히 결혼식에서 신부들이 머리에 쓰거나, 올림픽 메달리스트가 머리에 쓰곤 하는 바로 그 식물 장식물이고, 리스는 화관보다 상의어로 동그랗고 가운데가 뚫린 장식물을 모두 리스라고 부릅니다. 화관이 리스에 포함되는 거죠. 공항의 꽃집에서 리스를 판매하는 이유는 입국한 사람들을 환영한다는 의미로 화관을 씌어주기 위해 사람들이 많이 찾기 때문일 거예요.

그렇다면 화관에는 어떤 종류의 식물이 자주 쓰일까요? 가장 대표적인 식물은 바로 월계수입니다. 아마 '월계관'이라는 단어를 들어본 적이 있으실 거예요. 월계수 잎으로 엮은 화관을 말하는 것으로, 고대 그리스 로마시대부터 월계관은 승리, 명예 등을 상징해왔습니다. 월계수*Laurus nobilis* L.의 속명에 해당하는 '라우루스*Laurus*'는 라틴어로 칭송하다라는 의미예요. 종소명인 '노빌리스*nobilis*'는 '고귀함'이란 뜻이고요.

월계수가 이렇게 승리와 칭송을 상징하는 식물이 된 계

월계수

Laurus nobilis L.

1 열매가 달린 가지 *2* 꽃이 달린 가지 *3* 꽃 *4* 열매 *5* 씨앗

기는 그리스신화로부터 유래합니다. 아폴로의 구애를 거절하며 도망 다니던 다프네가 급기야는 아버지인 강의 신 페네이오스에게 부탁해 월계수로 변합니다. 더 이상 다프네를 쫓을 수 없게 된 아폴로는 자신이 기리던 나무를 참나무에서 월계수로 바꾸고, 월계수의 나뭇잎으로 다프네의 화관을 만들기로 했죠. 그때부터 사람들은 월계수에 초자연적인 힘이 있다고 믿고 '천사의 나무'라고 부르며 기리기 시작했습니다. 그 때문에 월계수 잎으로 만든 리스는 화관 말고도 집에다 다는 장식용 리스에도 많이 사용되고 있어요.

그 밖에 월계수는 식용이나 약용으로도 많이 이용되고 있습니다. 고기의 잡내를 없애준다고 해서 요리에도 사용하고, 월계수의 향이 벌레를 쫓아준다고 해서 문이나 벽에 걸어두기도 해요. 쌀을 보관할 때 월계수 잎을 두세 장 넣어두면 벌레가 안 생긴다고 하니 신기하죠? 요즘엔 피클이나 장아찌에도 방부 효과를 위해 월계수 잎을 넣어두더라고요. 월계수는 녹나무과로 로즈마리나 라벤더와 같이 지중해 연안에서 자생하는 식물이기 때문에, 따뜻하고 햇볕이 많이 드는 곳에서 잘 자랍니다. 그래서 우리나라에서는 남부 지방에서 주로 재배하고 있죠. 공항의 꽃집에서 시작된 이야기가 월계수와 월계관으로 이어지게 되었는데요. 평소에 그냥 지나쳤던 꽃집이나 원예점을 이제부터는 좀 더 유심히 살펴보게 되지 않을까요?

Monstera deliciosa Liebm.

잎사귀에 * 숨겨진 * 이야기

혹시 '힙스터 식물'이라는 말 들어보셨어요? 몬스테라의 별명인데요. 트렌디한 공간에 가면 한쪽에 항상 몬스테라가 자리하고 있어 붙은 별명이에요. 몬스테라는 잎을 관상하는 '관엽식물'입니다. 드라세나, 필로덴드론, 디펜바키아 등 여러 종류의 관엽식물이 있는데, 그중에서도 몬스테라가 특히 인기가 많은 건 잎 모양이 독특해서일 거예요. 괴물 같은 잎 모양 때문에 몬스테라라는 이름이 붙었다는 이야기도 있는데, 정확히 증명된 사실은 아닙니다. 잎에 구멍이 난 모양이 꼭 스위스 치즈 모양을 닮았다고 해서 '스위스 치즈 식물'이라고도 불리죠. 제 주변에도 몬스테라를 키우는 사람들이 많은데요. 사람들이 몬스테라라는 식물은 잘 알고 있지만, 그 모양이 왜 그렇게 생겼는지

천남성목 천남성과 몬스테라속

몬스테라
Monstera deliciosa Liebm.

를 아는 경우는 많지 않은 것 같습니다. 분명 잎에 그냥 구멍이 뚫린 것은 아닐 텐데 말이에요.

몬스테라 잎의 구멍에 관해 그간 여러 연구가 진행되어 왔습니다. 잎의 구멍으로 바람을 통과시켜 허리케인 바람에 저항할 수 있도록 한 것이다, 수분 흡수를 위해 뿌리까지 물이 잘 이동할 수 있도록 잎의 여기저기에 구멍이 생긴 것이다, 구멍을 통해 배경과 섞이도록 해 동물들로부터 위장하는 것이다 등 여러 가설이 제기되어왔죠. 이런 가설들은 이론상으로는 충분히 타당하긴 하지만 과학적으로 증명된 바는 없어요. 그런데 최근 미국에서 몬스테라의 잎 모양에 관한 구체적인 연구 결과를 발표했습니다. 몬스테라가 잎에 구멍이 생긴 채로 진화한 것은 광합성을 잘하기 위함이라는 것입니다.

몬스테라는 남미 멕시코와 콜럼비아 일대 열대우림에서 자생합니다. 영화 〈아바타〉의 풍경을 떠올려보시면 돼요. 몬스테라는 거대하게 우거진 나무들 아래에서 자라죠. 우리가 쉽게 접할 수 있는 진초록색 단색의 몬스테라는 델리치오사라는 종입니다. 그 밖에도 잎에 흰색 마블링이 있거나 잎의 크기가 훨씬 작은 품종 등 22종이 분포합니다. 원산지에서는 6미터에서 8미터까지 자란대요. 잎의 지름만 해도 1미터가 넘을 정도고요. 우리 주변에서 볼 수 있는 몬스테라를 생각하면 열대우림에서 자라는 몬스테라는 정말 거대한 편이지만, 우림에서 몇십 미터씩 자라는 다른 거대한 나무들과 비교하면 몬스테라는 정말 바닥에 붙어 있는 식물처럼 보일 거예요. 거대한 나무들

아래에서 자라는 몬스테라는 그만큼 받을 수 있는 빛의 양이 한정적일 수밖에 없어요. 몬스테라 자체도 잎이 많은 식물이라, 만약 몬스테라 잎에 구멍이 없었다면 식물의 아래쪽에 있는 잎들은 빛을 받기 어려웠을 겁니다. 그나마 잎에 구멍이 뚫려 있어 구멍 사이로 빛이 통과해 아래쪽 잎까지 닿을 수 있는 거죠. 말하자면 빛이 귀해서 그 귀한 빛을 고루 나눠 가지기 위해 잎에 구멍이 난 상태로 진화한 것입니다.

그래서 실내에서 몬스테라를 키울 때도 자생지의 환경과 비슷하게 반그늘 상태를 만들어주면 됩니다. 그늘진 환경에서도 약간의 광합성은 할 수 있기 때문이죠. 또 하나 주의해야 할 점이 있는데요. 몬스테라는 잎이 사방으로 뻗어 나가기 때문에 넉넉한 공간이 필요합니다. 창가나 공간의 구석에서 키우면 벽에 부딪쳐 잎이 제대로 자랄 수 없어요. 참고로 식물을 심는 화분은 무조건 최대한 크고 깊은 것이 좋습니다. 물론 화분보다 좋은 건 노지에 식재를 하는 것이지만요. 그만큼 식물이 뿌리를 뻗을 화분을 최대한 자생지의 환경처럼 만들어주는 게 최선이에요. 우리도 움직일 공간이 좁으면 불편하잖아요. 식물도 마찬가지죠.

앞서 말했듯 우리나라에서 가장 흔히 키우는 몬스테라

품종은 델리치오사입니다. 여기서 '델리'라는 말에는 '맛있다'라는 의미가 있는데요. 잎이 맛있다는 뜻은 아니고, 몬스테라의 열매가 맛있다는 데서 나온 이름이에요. 보편적으로 식용되는 과일은 아니지만, 먹을 수는 있습니다. 파인애플이랑 바나나가 섞인 맛이 난다고 하더라고요. 열매는 몬스테라에서 유일하게 독성이 없는 부분이기도 하죠. 몬스테라의 줄기와 잎에는 모두 독성이 있습니다. 열대우림에서 초식동물들에게 쉽게 먹히지 않기 위함이겠죠. 섭취하면 혀와 입가, 목 부분에 돌기가 난다고 해요. 수액은 뾰루지가 나게 하고요. 그래서 개나 고양이를 키우는 분들은 동물들이 몬스테라를 먹지 않도록 주의해 주셔야 해요. 그런데 왜 열매에만 독성이 없을까요? 당연히 번식을 위해서죠. 나 자체를 먹는 것이 아니라 열매만 먹어서 종자를 퍼뜨려달라는 거예요. 정말 똑똑하지요. 그렇다고 몬스테라에 독성만 있는 것은 아니고, 잎에서 포름알데히드를 억제하는 성분이 나와 새집증후군을 개선하고 공기를 정화하는 데 효과가 있다고 해요.

우리는 관엽식물을 키우면서 그 아름다운 모습만 소비할 뿐이지, 정작 그 식물의 잎이 왜 이렇게 생겼는지, 어떤 환경을 좋아할지 질문을 던지는 경우가 많지 않습니다. 그러나 식물의 생김새에 궁금증을 갖고 관찰하다 보면, 그 형태에 이들이 살아온 역사와 사연 등이 담겨 있음을 알 수 있답니다. 특히 식물의 잎은 광합성과 연관이 깊지요. 예컨대 식물의 잎이 크다면, 이 식물은 빛을 많이 받기 위해 이런 형태로 진화되었다고 추측할 수 있겠죠. 그렇다면 그 식물은 빛이 많이 드는 곳에서 재배해야 할 거고요. 이렇듯 잎을 관찰하는 것만으로도 식물을 이해하고 재배하는 데 큰 도움을 받을 수 있답니다.

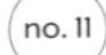

Lithops spp.

식 물 * 재 배 의 * 기 본 자 세

2000년대 후반, 약 10년 전부터 우리나라에 다육식물의 인기가 높아졌어요. '다육이'라는 애칭도 생겼죠. 서울 근교에 다육이 농장도 많아지고, 다육이만 파는 식물 가게도 생겨났고요. 그렇게 다육식물, 그리고 이에 속하는 선인장과 식물들을 사람들이 많이 찾는 가운데, 최근에는 새롭게 틸란드시아가 주목받기 시작했습니다. 사람들이 흥미를 갖는 식물에도 순서가 있는 것 같아요. 처음엔 키우기 쉬운 식물부터 시작해서 점차 까다로운 식물로 관심이 이동하는 거죠. 그래서 꽃시장에 가보면 재배가 어렵지 않은 다육식물 코너에는 주로 젊은 연령층이 모여 있고, 야생화나 난과 식물 코너에는 식물을 어느 정도 키웠을 법한 나이 많은 분들이 모여 계시답니다.

틸란드시아의 인기가 높아지던 시절, 다육식물을 키우던 사람들이 리톱스라는 식물에 관심을 갖기 시작했습니다. 틸란드시아의 인기는 지속되었지만 리톱스의 인기는 곧 사그라들었어요. 틸란드시아는 키우기가 까다롭지 않은 데다 그 모양이 특이해 인테리어 효과가 있는 데 반해, 리톱스는 그렇지 않았거든요. 우선 크기가 너무 작아 화훼 디자인에선 환영받지 못했고, 재배 조건도 까다롭고 생체 크기에 비해 가격도 비쌌어요. 그런데 흔히 '식물덕후'라고 불리는 사람들 중에서 유독 리톱스만 키우는 분들이 있답니다. 저도 리톱스를 키우고 있는데요. 특별한 이유가 있다기보다는 그냥 리톱스가 좋은 거예요. 그만큼 매력이 있는 식물이죠. 외국에서 리톱스만 수입해와 판매하는 온라인 매장도 있는데, 희귀한 종의 경우에는 씨앗 하나에 몇 만 원씩 하기도 해요. 비록 대중적이진 않지만, 특수한 문화를 형성해나가고 있는 식물입니다.

리톱스는 남아프리카 사막에 분포합니다. 말하자면 다육식물이죠. 선인장이나 틸란드시아처럼요. 리톱스속 가족을 총칭해서 리톱스라고 부르고요. 리톱스*Lithops*라는 속명은 그리스어로 돌을 가리키는 '리토스*lithos*'와 얼굴을 뜻하는 '옵스*ops*'를 합친 것에서 유래했어요. 생김새가 꼭 돌처럼 생겼거든요. 영명으로는 '리빙스톤*Living stone*'으로 불리죠. 실제로 리톱스는 돌 위에서 살기도 합니다. 돌이랑 구분이 쉽지 않아 연구차 사막에 간 식물학자들이 어려움을 겪을 정도래요. 그런데 리톱스가 이런 모양으로 생긴 데에는 특별한 이유가 있습니다. 사막이 워낙 척박해 식물이든 동물이든 생물이라면 동물의 먹이가 되기 십상인데요. 쉽게 발견되어 먹히지 않기 위해 리톱스는 자신만의 보호색을 띠고 있는 거예요.

또한 리톱스는 사막의 강렬한 햇빛으로부터 몸을 보호하기 위해 바닥에 붙어 자랍니다. 강력한 햇빛을 너무 오래 받다 보면 몸에 저장하고 있는 수분이 손실될 수밖에 없거든요. 사막에 사는 식물들은 첫 번째로 필요한 것이 수분, 즉 물입니다. 사막에는 1년간 비가 5센티미터 정도밖에 내리지 않거든요. 그래서 사막의 생물은 안개나 수증기, 아침 이슬까지 모두 저장해서 살아가야 하죠. 사막에 사는 또 다른 식물인 선인장을 생각해보세요. 선인장의 잎이 통통한 건 그 안에 수분을 저장하고 있기 때문이에요. 리톱스 또한 잎이 두껍죠. 그 밖에 사막에 사는 식물들의 또 다른 특징이 있는데요. 바로 최소한의 기관으로만 구성되어 있단 거예요. 식물은 기본적으로 뿌리, 줄기, 가지, 잎의 기관이 있게 마련인데요. 선인장이나 리톱스는

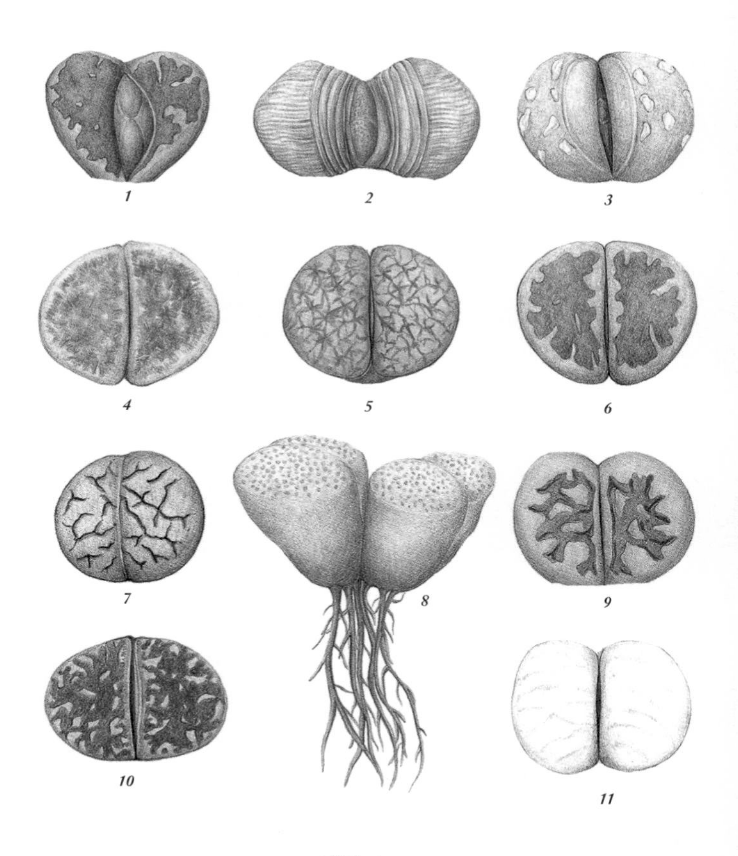

리톱스

Lithops spp.

1 홍대내옥 *2* 자보취옥 *3* 대진회 *4* 백화황자훈 *5* 보류옥 *6* 올리브옥 *7* 다브네리
8 황미문옥 *9* 여홍옥 *10* 노림옥 *11* 장인옥

뿌리에서 바로 잎이 올라옵니다. 즉 살아가는 데 필요한 가장 최소한의 기관인 뿌리와 잎만 갖고 사는 거예요. 이러한 진화 방식도 결국 물을 낭비하지 않기 위함입니다.

그래서 집에서 리톱스를 키울 때는 자생지인 사막의 환경과 비슷하게 만들어주면 됩니다. 사실 모든 식물이 그러한데요. 식물을 키울 때 재배 방법을 잘 모르겠다 싶으면 그 식물의 원산지의 환경을 떠올려보면 됩니다. 리톱스나 선인장 등의 다육식물을 키울 때는 사막처럼 습도가 낮고 건조한 환경을 만들어줘야 합니다. 그리고 흙이 아닌 모래나 자갈에서 키우고요. 우리나라는 여름엔 너무 습하고 겨울엔 건조하기 때문에, 아주 습할 때는 공기 중의 물만으로 살 수 있도록 물을 주는 횟수를 조절해야 합니다. 건조할 때는 비를 내리듯이 물을 줘야 하고요. 즉, 일주일에 한 번, 한 달에 몇 번 이런 식으로 기간을 정해두고 무조건 물을 줄 것이 아니라, 현재 온습도를 고려해 최대한 식물의 자생 환경과 비슷하게 만들어줘야 합니다. 리톱스를 키우다 보면 잎이 길어져 웃올라오는 경우가 생기는데요. 이는 리톱스가 햇빛을 잘 못 받아서 최대한 받아보려고 목을 길게 내미는 거예요. 식물이 한쪽으로 치우치는 것도 햇빛을 고르게 잘 못 받아 그러는 거죠. 리톱스는 사막처럼 반나

절 정도는 햇빛을 직접 쬘 수 있도록 해주고, 이후의 시간은 밤처럼 그늘에 두고 재배하는 것이 좋습니다.

식물을 키우는 일 또한 강아지나 고양이 같은 반려동물을 키우는 것과 다르지 않습니다. 물론 동물의 경우 변이가 훨씬 크기 때문에 더 까다롭긴 하겠지만요. 아이나 동물을 키울 때 매뉴얼이 되는 이상적인 훈육법이 존재하긴 하지만 그들 각자가 자라는 환경이나 성격에 따라 방법을 달리해야 하듯, 식물도 마찬가지입니다. 연구자들이 제시하는 재배 방법은 기본적이면서도 이상적인 방법일 뿐이에요. 이를 바탕으로 하되 내가 식물을 키우는 환경에 맞춰 재배해야 합니다. 〈우리 아이가 달라졌어요〉 〈세상에 나쁜 개는 없다〉와 같은 프로그램을 보면, 아이나 동물은 결핍을 말이나 움직임을 통해 드러내는데요. 식물은 움직이지 않다 보니 결핍을 형태로 드러냅니다. 그래서 식물이 어딘가 아파 보이는 것 같으면 늘 그 답은 형태에서 찾을 수 있습니다. 저도 식물세밀화를 그리는 동안 식물을 자세히 관찰하는 습관을 키우게 되면서, 재배하는 식물도 더욱 잘 키울 수 있게 된 것 같거든요. 식물은 동물처럼 변이가 크지 않아, 조금만 더 관찰하고 공부하면 잘 키워나가실 수 있을 겁니다.

no. 12 *Narcissus tazetta* var. *chinensis* Roem.

봄을 * 기다리는 * 가을의 * 마음

봄꽃축제에서도 '얼리버드' 티켓을 판매한다는 사실 알고 계세요? 매해 3월 말부터 5월 초까지 네덜란드 암스테르담의 근교, 쾨켄호프에서는 꽃축제가 열리는데요. 세계에서 가장 큰 꽃축제이다 보니 1월부터 얼리버드 티켓을 판매한답니다. 우리나라에서도 봄철에 큰 꽃축제가 열리죠. 바로 고양 국제 꽃박람회인데요. 보통 4월 말부터 15일간 열립니다.

쾨켄호프 꽃축제와 고양 국제 꽃박람회 둘 다 초봄에 열리다 보니, 그 시절 한창 꽃을 피우는 '추식구근류'를 주로 심습니다. 봄에 개화하는 식물인데 '춘식구근류'가 맞는 것 아닌지 궁금해하는 분도 계실 텐데요. 지난가을에 구근을 심어야 하기 때문에, '가을에 심는 구근이다'라는 의미로 추식구근이라고 부르는 것입니다. 튤립이나 히아신스, 무스카리 등이 대표적인 추식구근 식물이죠. 물론 다알리아처럼 봄에 식재해서 가을에 꽃이 피는 '춘식구근류'도 있습니다. 도쿄의 진다이 식물원(神代植物公園)에서는 가을이 되면 다알리아 축제가 열려요. 파리의 뱅센 숲*Bois de Vincennes*에서도 매해 가을, 다알리아속 식물 경연대회를 열어 수상한 품종을 전시하고요. 봄에 꽃을 피우는 건 추식구근, 가을에 꽃을 피우는 건 춘식구근, 이제 더는 헷갈리지 않겠죠?

올해 봄꽃축제에서 만나는 대부분의 꽃은 아마 지난가을 미리 심어둔 식물들일 겁니다. 더 이르게는 여름부터 식재를 준비했을지도 모르고요. 개화일과 축제 시작일을 맞추는 일이 도통 쉽지가 않습니다. 재배하는 데도 날씨의 영향을 크게 받기 때문에 식재한 이후에도 계속 신경 써서 돌봐줘야 하고요. 짧게는 2주, 길게는 한두 달간의 축제를 위해 여러 사람이 1년 남짓의 시간 동안 애쓰는 것입니다. 꽃축제는 즐거움이나 휴양의 목적도 있지만, 대중에게 기존 품종의 상세 정보와 신품종을 홍보하며 식물문화를 경험해보도록 하기 위함도 있습니다. 꽃축제에 갔다가 관심을 갖게 된 식물을 현장에서 바로 구입할 수도 있고, 나중에 키우더라도 그 계기를 만들어줄 수는 있죠. 축제 현장에 여러 식물을 식재함으로써 화훼농가에 직접적으로 큰 이익을 줄 수도 있고요.

저도 2016년도와 2018년, 쾨켄호프 꽃축제에 가보았습니다. 쾨켄호프 꽃축제를 대표하는 꽃은 튤립인데요. 들판을 따라 줄지어 피어 있는 수선화의 모습도 인상적이었습니다. 흰 꽃잎과 노란 부관의 나팔잎이 대비되어 마치 계란이 둥둥 떠 있는 것 같았어요. 그래서 수선화는 '계란꽃'이라는 별명으로 불리나 봐요. 수선화는 꽃 축제에서뿐만 아니라 우리나라 도심의 공원이라든지 식물원에서도 늦겨울부터 초봄이면 흔히 볼 수 있습니다. 특히 제가 봄마다 찾곤 하는 천리포수목원에는 삼사 월 무렵 목련이 봉오리를 짓고 있을 때 수선화가 한창이랍니다.

수선화는 '수선'이라고 불리기도 하고 '나르시수스'라고 불리기도 합니다. 나르시수스속 식물을 총칭해 수선화라고 부르기 때문이죠. 특이하게 나르시수스*Narcissus*라는 이름은 그리스신화에서 유래했습니다. 신화에 등장하는 나르키소스*Narcissos*라는 청년의 이름을 딴 것인데요. 잘생긴 외모로 여러 요정들한테 구애를 받았지만 모두 거절하다가 어느 날 호숫물에 비친 자신의 얼굴에 반해 물에 빠져 죽고 말았습니다. 그 자

수선화

Narcissus tazetta var. *chinensis* Roem.

리에 피어난 꽃을 그 청년의 이름을 따서 '나르시수스'라고 부르게 되었죠. 자기 자신을 너무 사랑하는 사람을 일컫는 '나르시시스트*narcissist*'라는 단어도 여기서 연유한 것이고요. 그만큼 수선화는 참 아름답답니다.

수선화는 이탈리아 같은 지중해 연안 지역부터 동북아시아까지 자생하는 원종만 60여 종이 넘습니다. 품종까지 포함하면 만 8천 종이 넘어요. 주로 네덜란드와 영국에서 육성한 것들이 많은데요, 우리나라에서 재배되는 개체들도 보통 구근을 수입해 재배하는 방식입니다. 그래서 자생종을 제외하면 모두 외국 품종이죠. 현재 수입되어 흔히 재배되고 있는 건 7종 정도로, 늦가을부터 잎이 나기 시작해 한겨울부터 5월에 걸쳐 꽃이 핍니다. 우리말 이름인 '수선화'는 물가에서 피는 꽃이란 데서 온 것이에요. 특히 추사 김정희가 제주에서 유배생활을 할 당시 그곳에 자생하던 수선화를 무척 좋아했다고 전해집니다. 그렇다면 그 수선화는 어디서 전해온 것일까요? 수선화의 구근이 지중해 연안에서부터 제주로 흘러들었다는 가설도 있긴 하지만 물리적으로 너무 먼 거리라, 그것보다는 중국 남해를 통해 제주도로 왔을 가능성이 높습니다. 실제로 같은 구근식물인 제주상사화도 바다를 통해 넘어왔다는 이야기가 있

백합목 수선화과 수선화속

거든요.

수선화를 보면 노란색의 결이 이렇게 다채로울 수 있다는 사실에 놀라게 됩니다. 가장 쉽게 볼 수 있는 꽃잎이 흰색과 노란색으로 대비된 수선화에서부터 진노란색에 노란색, 더 진한 노란색에 흰색 등 여러 노란색 계열로 품종이 개량되어 왔거든요. '부관'이라고 부르는 수선화 중심부의 나팔 모양의 관도 품종에 따라 길이가 각각 다르답니다. 나팔수선화는 부관이 굉장히 긴 편이고, 작은컵수선화는 반대로 부관이 짧은 품종이에요. 또한 겹꽃인 겹꽃수선화, 향기가 특히 강한 황수선화, 한 꽃대에 꽃이 여러 송이 피는 방울수선화도 있지요. 우리나라에서는 수선화로 꽃다발을 만드는 경우는 아직 많이 보질 못했는데, 외국에서는 수선화를 가지고 꽃다발을 만들거나 꽃꽂이를 하는 경우도 많아요. 수선화와 관련해서 또 하나 재밌는 사실은 2016년, 수선화로부터 바람 저항을 줄이는 방법을 개발한 연구가 있었다는 겁니다. 수선화가 줄기 두께에 비해 바람이 불어도 잘 쓰러지지 않는다는 점에서 아이디어를 얻은 것이죠. 이는 수선화의 줄기가 원통형이 아니라 나선형으로 꼬아 올라가는 형태이기 때문인데요. 바로 그 모양을 본뜬 구조물을 개발했다고 합니다.

이제 꽃축제에서 활짝 피어 있는 수선화를 바라보면 그것이 하루 이틀 사이에 자라서 꽃을 피운 게 아니라, 그 며칠간의 개화를 위해 지난 계절부터 오랜 시간을 보내왔음을 상상할 수 있을 겁니다. 저는 꽃을 볼 때마다 이 식물의 개화를 도왔을 원예가의 손길, 그리고 날씨와 그간의 시간을 떠올려보곤 해요. 그것들을 다 헤아리다 보면 꽃 한 송이가 얼마나 소중해 보이는지 모르겠어요.

no. 13 *Tulipa* spp.

식물 * 버블의 * 시작

쾨켄호프 꽃축제를 대표하는 튤립의 이야기도 해볼까 해요. 네덜란드의 튤립 사랑은 '튤립 버블'이라는 경제학 용어를 만들어낼 만큼 각별합니다. 그런데 사실 튤립은 네덜란드의 자생식물은 아니에요. 터키와 중앙, 서아시아가 원산지예요. 현재 튤립의 대표적인 자생지도 바로 히말라야산맥의 고지대입니다. 사람들은 너른 들판에서 자라는 튤립만 보아왔겠지만, 사실 튤립은 모래와 돌이 가득하고 가파른 산악지대, 다른 식물들조차 살아가기 척박한 환경에서 자생합니다.

아시아에서 자생하던 튤립은 50여 년 뒤에 프랑스를 통해 네덜란드로 전해집니다. 암스테르담 식물원의 수석 연구원이었던 카를로스 클루시어스*Carolus Clusius*라는 식물학자가 약용

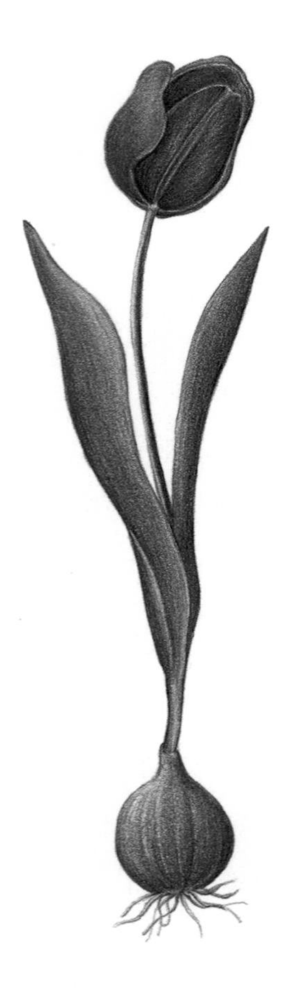

튤립

Tulipa sp.

효과를 연구하기 위해 식물원에서 재배하기 시작했는데요. 식물원을 방문한 관람객들이 튤립을 좋아하는 걸 보고, 한 대기업에서 카를로스에게 튤립을 상업화하자고 제안합니다. 그러나 그는 급격한 상업화는 좋지 않다는 판단에 제안을 거절하지요. 그러자 대기업 담당자는 몰래 카를로스의 정원에 들어가 튤립 구근을 훔쳐 대규모로 재배했습니다. 그렇게 약간은 황당한 사연으로 네덜란드에서 튤립이 본격적으로 재배되기 시작했어요. 네덜란드는 자생지처럼 모래언덕이 많은 지형이고, 북쪽에 위치한 해안가의 기후대가 튤립이 자라기에 알맞은 지역이기도 했고요. 마침 네덜란드에서 튤립의 인기가 높아진 17세기는 네덜란드의 황금기였습니다. 경제적으로 풍요로운 시기였기에 사람들은 갑자기 얻게 된 부를 내세울 도구가 필요했는데, 그것이 튤립이 되었습니다. 이것이 바로 튤립 버블의 시작이었죠.

모두들 튤립 구근을 모으기 시작했어요. 희귀하고 새로운 품종을 모으는 '튤립 마니아'가 생기고, 우리나라의 부동산처럼 투기의 대상이 되어 인기가 많은 품종의 경우 당시 목수 연봉의 20배, 수억 원에 거래되기도 했어요. 튤립뿐만 아니라 튤립 무늬가 있는 옷이나 가구 디자인, 튤립에 특화된 화병이 판매될 정도로 부가 산업도 활발했고요. 그래서 네덜란드 황금시대 당시의 옷이나 가구 디자인을 살펴보면, 튤립 무늬가 있는 경우가 많습니다. 나막신조차 튤립 모양이었을 정도예요. 튤립의 새로운 품종을 육성하는 데 투자를 많이 하다 보니 그 기술도 발달하게 되었고, 그렇게 네덜란드가 현재 세계에서 가장 영향력 있는 식물 교배자이자 튤립 생산자가 된 것도 이때부터입니다.

황금시대가 저물면서 자연스레 '튤립 버블'도 조금씩 붕괴되기 시작했습니다. 그러나 다른 나라 사람들도 튤립을 좋아했기 때문에 튤립 가격이 갑자기 내려가지는 않았어요. 그래서 이때부터는 튤립 수출에 집중하게 되었죠. 이를 위해 홍보를 위한 튤립 카탈로그가 필요했는데요. 네덜란드와 독일, 프랑스의 식물세밀화가들을 불러 모아 튤립 세밀화를 그리게 했어요. 현재 남아 있는 대부분의 튤립 세밀화는 그때 기록된 것입니다. 그렇게 성황을 이루던 튤립은 18세기, 히아신스가 등장하면서 인기가 시들해졌습니다. 이후 프랑스혁명으로 정원 디자인 스타일이 바뀌어 영국식 가든 디자인이 인기가 많아지면서 거래는 더욱 줄어들었어요. 그러나 산업화 이후 다시 안정을 찾으며 지금까지 튤립의 인기가 이어지고 있습니다.

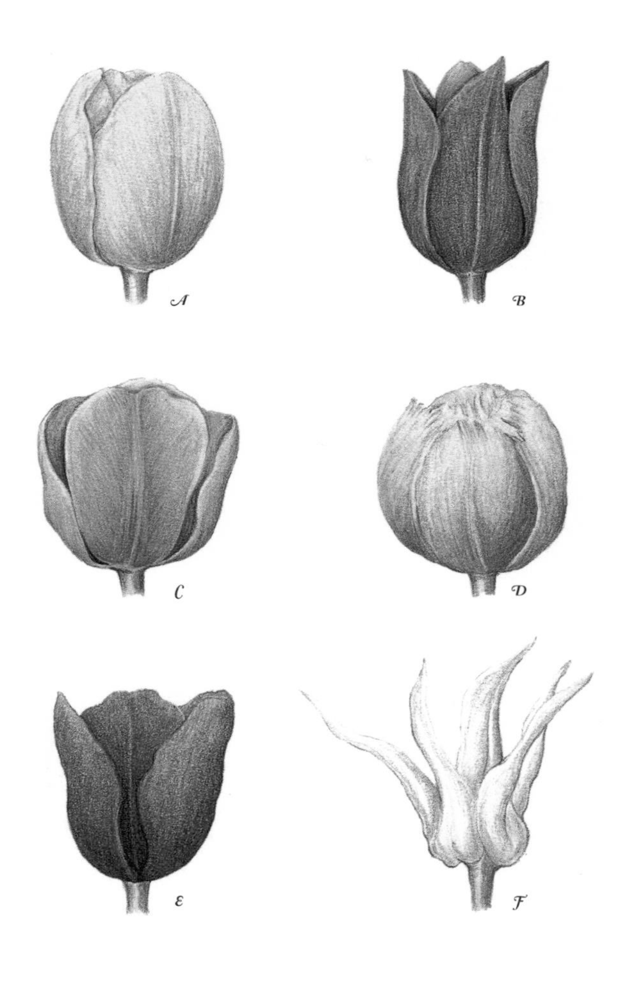

A_ 노비선 Novi sun B_ 카렐 Karel C_ 초이스 Choice D_ 에스프릿 Esprit
E_ 캐비어 Caviar F_ 화이트스타 White star

우리는 부정적인 의미를 담아 '튤립 버블'이라 부르지만, 사실 튤립은 그저 인간의 욕망에 이용당했을 뿐, 늘 변함없이 그 자리에서 존재해온 연약한 식물이었어요. 식물문화가 급격히 확산되고 있는 요즘 시점에서, 네덜란드의 튤립 버블은 식물에 대한 사랑과 욕망의 경계를 다시 한 번 생각하게 합니다. 식물과 공존할 것인지, 또 다른 식물 버블을 만들 것인지는 온전히 우리에게 달려 있는 거겠죠.

식물의 * 씨앗을 * 고를 * 때

저희 동네에는 매주 토요일이면 트럭에 꽃을 싣고 다니며 판매하는 '꽃 트럭' 아저씨가 오시는데요. 겨울 동안에는 쉬다가 2월 마지막 주 토요일이 되면 다시 찾아오세요. 그래서 꽃 트럭 아저씨를 보면 봄이 됐구나 실감하죠. 이때쯤 되면 모종이나 씨앗을 찾는 사람들도 많아집니다.

씨앗을 살 때 보통은 패키지 디자인을 보고 많이 고르실 텐데요. 이왕 사는 거면 포장 봉투에 예쁜 식물 그림이 들어간 것이 좋겠죠. 실제로 식물의 씨앗을 최초로 상업적으로 판매하기 시작했을 때, 그 씨앗의 포장지에 식물세밀화가 들어갔습니다. 그렇지만 가장 중요한 것은 봉투에 적힌 여러 정보입니다. 우선은 봉투에 적힌 정확한 품종명을 확인하고 그것이 원하는 식물의 씨앗이 맞는지 확인해야겠죠. 그리고 씨앗을 세는 단위는 '립'인데요. 봉투에 몇 립이 들어 있는지도 확인합니다. 또 씨앗의 발아율도 표기되어 있는지 살펴보세요. 씨앗에서 싹이 나고 생장을 시작하는 걸 발아라고 하는데요. 만약 발아율이 90퍼센트라고 한다면, 해당 씨앗을 열 개를 심으면 그중 아홉 개가 싹을 틔운다는 뜻이죠. 발아율을 보고서 씨앗을 얼마나 살지 가늠해볼 수 있습니다.

발아 기한 또한 주의 깊게 봐야 합니다. 우유 같은 식품을 살 때 가장 먼저 살펴보는 게 유통기한이죠? 씨앗도 살아 있는 기관이기에 발아 기한 내에 심어야만 발아가 가능합니다. 그래서 인류 최후의 날을 대비해 씨앗을 수집하고 있는 씨드 뱅크, 즉 종자 은행에서 일하는 연구원들은 발아 기한을 최대한 늘일 수 있는 방법을 연구하고 있습니다. 씨앗들의 생명력을 늘이기 위해 알맞은 온습도와 적당한 환경을 연구하는 거죠. 발아 기한과 함께 보관 방법에 대한 정보도 찾아보세요. 보통은 서늘한 곳에서 보관해야 발아 기한이 길어집니다. 이렇듯 씨앗을 살 때는 포장 봉투의 디자인만 볼 것이 아니라, 상세한 정보를 안내하고 있는지도 살펴보고 선택하는 게 좋습니다.

여러분은 어떤 식물의 씨앗을 심어보고 싶으세요? 이번

에는 봄에 파종하면 가을에 꽃을 피우는 식물인 '다알리아'에 대해 자세히 살펴볼까 해요. 다알리아는 장미나 튤립 등의 주요 화훼식물은 아니지만, 우리나라에서 연간 20만 본에서 40만 본 정도가 재배되고 있어요. 상대적으로 다른 절화에 비해 가격이 높은 편이고요. 꽃다발이나 꽃꽂이용 절화 중, 포인트가 되는 화려한 꽃을 '폼 플라워*form flower*', 그리고 폼 플라워만큼 화려하진 않지만 2차적 중심이 되는 꽃을 '매스 플라워*mass flower*'라고 부르는데요. 다알리아는 장미나 카네이션과 함께 매스 플라워로 사랑받고 있습니다.

다알리아는 국화과 다알리아속 식물을 총칭합니다. 멕시코 원산이긴 하지만, 멕시코 사람들이 발견한 건 아니에요. 16세기 멕시코의 천연자원을 연구하기 위해 스페인으로부터 많은 연구자가 파견되었는데요, 그중 7년간 멕시코에 머물렀던 프란시스코 에르난데스*Francisco Hernández*라는 학자가 다알리아를 처음 발견하였습니다. 그와 함께 멕시코에 머물던 동료가 그림 기록을 남겼고요. 이들이 처음 발견한 다알리아의 모습은 우리가 알고 있는 것과 달랐습니다. 풀이 아닌 나무의 형태였죠. 다알리아는 원래 풀과 나무로 나뉘는데, 처음 발견된 것은 바로 나무였던 거예요. 다알리아의 나무 줄기는 물을 함유하고

다알리아

Dahlia pinnata Cav.

있어 사람들에게 물 공급원으로 이용되기도 했다고 해요. 이윽고 다알리아는 스페인 마드리드 왕립정원으로 보내졌습니다. 왕립정원의 정원사, 안토니오가 이를 잘 가꾸어 이후 스페인에서 본격적으로 재배되었다고 해요. 안토니오는 본인이 존경하는 식물학자이자 환경운동가인 '안데르스 달*Anders Dahl*'의 성을 따서 이 식물에 다알리아라는 이름을 붙였어요.

다알리아가 요즘처럼 다양한 색과 형태를 지니게 된 건 19세기가 되고 나서입니다. 그 당시 스페인으로부터 유럽 전역으로 다알리아의 씨앗과 구근이 퍼졌죠. 다알리아는 구근식물로, 뿌리에 조그만 감자 같은 것이 여러 개 달려 있어요. 이후 여러 품종이 육성되었는데요. 그중에서 코치네아와 파타나라는 종이 요즘 우리가 흔히 볼 수 있는 형태입니다. 미국에서도 다알리아의 인기가 높아져 다양한 색과 형태를 띠는 품종이 생겨났고, 이제는 등록된 품종만 해도 5만 종이 넘는다고 해요. 다알리아에는 없는 색깔이 없다고 할 정도로 육성이 까다로운 파란색을 제외하고는 모든 빛깔의 다알리아가 존재합니다. 릴리풋 다알리아처럼 아주 작은 품종부터 1미터가 넘는 거인 다알리아까지 크기도 다양하고요. 선인장같이 긴 모양이나 국화나 난초와 같은 형태의 품종도 있어요. 그 모습이 다양하고 화려한 만큼, 세계적으로 인기가 많은 화훼작물인데요. 그래서 매년 가장 아름다운 다알리아 품종을 선별해 시상하는 '세계 다알리아 콩쿠르'도 열려요. 저도 재작년 프랑스에서 열린 콩쿠르에 관람객으로 참석한 적이 있는데, 그 모습이 너무나 다양해서 이 모든 것이 한 속의 식물이라는 게 믿기지 않았답니다.

다알리아를 연구하는 학자는 나름의 목표가 있습니다. 우선 육성이 어렵다는 파란색 블루 다알리아를 잘 길러내는 방법을 알아내는 것이고요. 그 밖에는 향기가 나는 품종을 개발하는 것, 서리가 내려도 자랄 수 있는 품종을 개발하는 것이에요. 다알리아는 서리에 약하거든요. 그래서 구근이나 씨앗부터 재배하려고 하는 분들은 꼭 서리가 내리지 않는 3월 이후에 심어야 합니다. 그러면 6월부터 10월까지 차례로 꽃을 피우기 시작하죠.

다알리아는 꽃꽂이, 꽃다발용 절화로도 많이 이용되는데요. 다알리아를 선물 받아 병에 꽂아두신다면, 물에 담갔을 때 물에 닿는 면적이 최대한 넓도록 대각선으로 자르는 것이 좋습니다. 그리고 균이 물에 살지 않도록 물을 자주 갈아줘야 하고요. 물속에 잠기는 잎은 다 떼어내주세요. 이 또한 세균이

국화목 국화과 다알리아속

나 이물질 번식을 최대한 줄이기 위함이에요. 그리고 이삼 일에 한 번씩 식물의 줄기를 2~3센티미터 정도 절단해주면, 새로 자른 절단면을 통해 수분이 더 잘 파고든답니다. 물의 온도는 차갑게 해줘야 합니다. 촬영용으로 꽂아둘 때는 물올림을 위해 따뜻한 물을 사용하기도 하지만요. 식물이 좀 더 오래 살아 있을 수 있도록 물에 영양분을 넣기도 하는데요. 당을 첨가하기 위해 사이다를 조금 넣는 방법도 있죠. 다알리아뿐만 아니라 모든 화훼식물에 적용할 수 있는 방법이에요.

다알리아에 대해 이야기하면서 씨앗의 발아 기한이나 절화 수명에 관해서도 짚어보았는데요. 아무리 애를 써도 결국 씨앗이 영원히 발아할 수는 없고 꽃도 영원히 피어 있지는 못하죠. 이렇듯 영원할 수 없는 한계가 어쩌면 생물로서 식물의 매력을 더욱 돋보이게 하는 건 아닐까 싶습니다.

no. 15 *Tillandsia* spp.

가장 * 적게 * 받지만 * 많이 * 주는 * 식물

대학생 때 대형 식물 마켓에서 아르바이트를 한 적이 있어요. 공부하고 있는 '원예'라는 학문이 식물과 사람의 관계를 연구하는 것이기도 하고, 사람들이 어떤 식물을 찾는지 실제 원예 산업 현장에서 경험해보고 싶었거든요. 그런데 보통 식물을 사러 오시는 분들이 비슷한 질문을 하시더라고요. "식물을 키우고는 싶은데, 자꾸 죽더라고요. 어떤 식물이 잘 죽지 않나요?" "물을 자주 주지 않아도 괜찮은 식물을 추천해주세요." "신경을 많이 안 써도 잘 자라는 식물은 어떤 거예요?" 그다음엔 기능적인 부분을 묻습니다. "이 식물은 공기 정화 효과가 있나요?" "꽃의 향기는 좋은가요?" "이 식물은 먹을 수 있나요?" 결국 사람들은 별로 주지 않으면서도 많이 받을 수 있는 식물을 원하

파인애플목 파인애플과 틸란드시아속

는 것 같아요. 바로 그것이 현재 우리 인간이 식물을 바라보는 시선일 거고요.

그 당시에는 주로 선인장 등 다육식물 위주로 추천을 했었는데, 지금 그런 질문을 받는다면 아마 틸란드시아를 추천할 것 같습니다. 그렇게 생육조건이 까다롭지 않은 한편, 관상용으로도 좋은 데다가 공기 정화라는 기능적 요소도 만족시키는 식물이거든요. 식물에 관심이 생겨 키우고 싶지만, 아직 자신은 없는 초보자 분들에게도 추천할 수 있는 식물이고요.

틸란드시아는 우리나라에 소개된 기간에 비교해, 식물을 찾는 사람의 수가 급속도로 늘어난 편이에요. 젊은 층에 식물 문화가 확산되면서 식물에 대한 사람들의 관심이 커졌고, 그러면서 관리가 까다롭지 않은 편인 틸란드시아의 인기도 많아졌죠. 또한 공기 오염이나 미세먼지, 새집증후군 등의 문제가 수면 위로 올라오면서 사람들이 공기 정화 식물에 관심을 갖기 시작했는데요. 그러면서 관엽식물의 인기가 높아지고, 틸란드시아의 소비도 늘어나게 되었고요. 최근에 국립수목원에서 연구한 바로는 틸란드시아가 새집증후군의 주요 원인인 포름알데히드 농도를 낮추는 기능을 한다고 해요.

틸란드시아는 한 종의 식물이 아니라 파인애플과의 틸란

드시아속에 속한 식물을 총칭합니다. 틸란드시아 가족 안에 여러 종의 틸란드시아가 있는 거죠. 틸란드시아의 원산지, 그러니까 고향은 남미입니다. 꽃 시장이나 꽃집, 상점이나 카페에서는 많이 마주칠 수 있지만, 정작 여러 식물이 자생하는 주변 산과 들에서는 절대 찾아볼 수 없어요. 흔히 도시에서 씨앗이나 모종을 심어 재배하는 식물을 원예식물이라고 하는데요. 원예식물 대부분의 원산지는 남아프리카공화국 케이프타운이나 그 가까이에 있는 섬 마다가스카르, 남미 국가들입니다. 우리나라에서는 원예식물을 꽃집에서나 볼 수 있지만, 원산지에 가면 산이나 들에서 쉽게 만나볼 수 있어요. 한창 남미를 여행 중이던 친구가 틸란드시아가 발에 치일 정도로 길에 늘어져 있다고 해서 신기해 했던 게 기억나요. 남미에는 약 400여 종의 틸란드시아가 자생하고 있다고 합니다. 여기에 품종 개량하여 육종한 것까지 더하면 전 세계에 천여 종 정도가 분포하고 있어요.

우리나라에는 60여 종 정도의 틸란드시아가 수입되어 재배되고 있습니다. 그런데 이들이 모두 남미에서 바로 오는 건 아니에요. 주로 동남아시아, 특히 태국으로부터 수입하고 있죠. 틸란드시아 원종의 고향은 남미이지만, 그와 비슷한 기후 환경에 속하는 태국, 싱가포르, 베트남 등의 동남아시아 국가에서도

파인애플목　　파인애플과　　틸란드시아속

많이 재배하고 있거든요. 연구가 활발해지다 보니, 번식 산업도 발달하게 되었고요.

우리나라에서는 아주 작은 크기의 이오난사 틸란드시아가 가장 대표적인 수입 품종입니다. 또 길게 늘어진 수염 형태의 우스네오이데스 틸란드시아도 유명하고요. 꽃집에는 보통 이 두 종만 주로 판매하고 있지만, 틸란드시아 농장에 가보면 잎의 길이와 두께, 색깔 등이 다른 좀 더 다양한 품종을 찾아볼 수 있어요.

틸란드시아는 어딘가에 걸려 있거나 공중에 띄워져 재배되는 걸 많이 보셨을 거예요. 흙에 심겨 자라는 경우가 별로 없죠. 왜냐하면 틸란드시아는 원래 땅에서 자라는 것이 아니라, 나무와 돌에서 자라는 착생식물이기 때문이에요. 식물의 뿌리는 보통 수분이나 양분을 흡수하거나 호흡을 하는 데 사용되는데, 틸란드시아의 뿌리는 어딘가에 달라붙기 위한 용도입니다. 수분이나 양분은 잎에 있는 기공으로 흡수하죠. 틸란드시아를 자세히 살펴보면 옅은 색의 잎 안쪽에 꺼끌꺼끌한 질감의 기공이 자리해 있는 걸 알 수 있어요. 그래서 물을 줄 때는 뿌리가 아닌, 잎 전체를 물에 담그거나 물을 뿌려주어야 합니다. 실내 습도에 따라 다르긴 하지만, 너무 자주 줄 필요는 없

틸란드시아

Tillandsia spp.

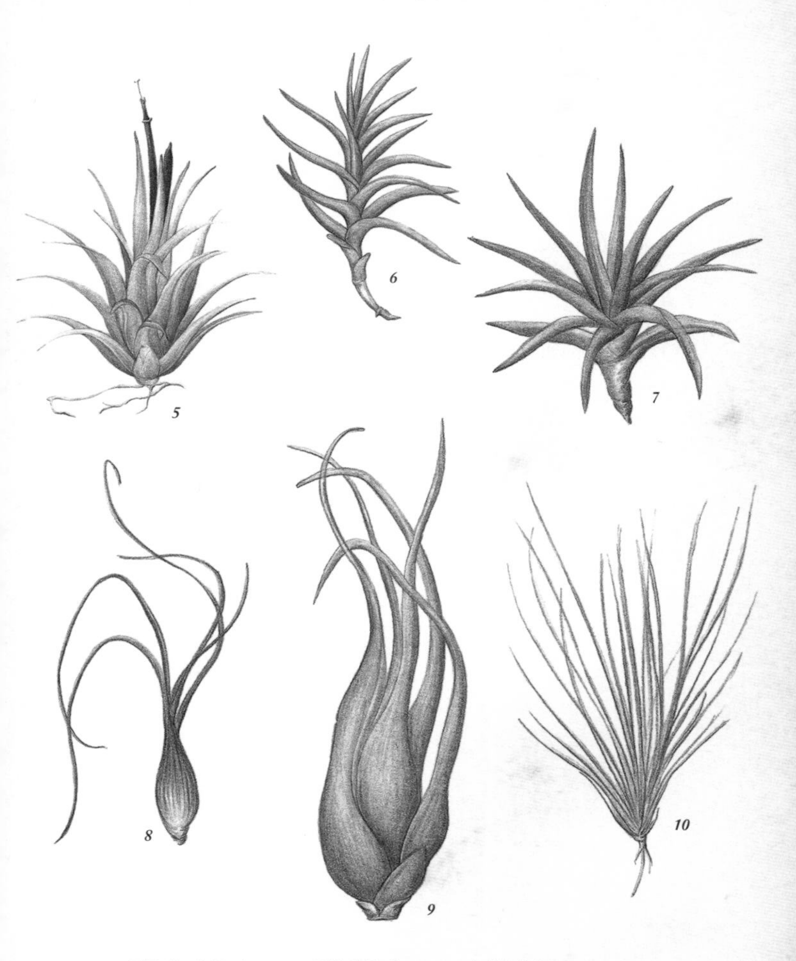

1 프루이노사 Pruinosa *2* 불보사 Bulbosa *3* 파시쿨라타 Fasciculata
4 묘수라 Myosura *5* 이오난사 Ionantha Ionantha *6* 베르게리 Bergeri
7 에란토스 Aeranthos *8* 바일레이 Baileyii *9* 셀레리아나 Seleriana *10* 준세아 Juncea

어요. 흙이 필요 없으니 분갈이도 안 해주어도 괜찮고요. 그리고 틸란드시아 하면 잎만 떠올리는 게 보통이지만, 이들도 현화식물이기 때문에 꽃을 피우고 열매를 맺습니다. 품종마다 꽃의 색과 형태가 모두 다른데요. 보통 분홍색 꽃받침에 보라색 꽃잎, 주황색 수술의 꽃이 피는데 잎의 색과 어울려서 굉장히 예뻐요.

여기저기 매달려 있는 틸란드시아를 보면서 문득 그런 생각이 들었어요. 원래라면 자생지에서 나무와 돌에 붙어 공기를 맘껏 마시며 살았을 텐데, 어쩌다 이 먼 곳까지 와서 환기도 안 되는 실내에 갇혀 에어컨 바람이나 쏘이며 살고 있나 하고요. 그런 상황에서도 공기를 정화하려고 애쓰는 마음이 참 고맙죠. 그러니 하루에 한 번쯤은 실내의 식물들을 위해 창문을 열어두고, 햇빛 쬘 시간을 주면 좋을 것 같아요.

no. 16 *Viola mandshurica* W.Becker

벽돌 * 틈새로 * 피어나는 * 꽃

네이버에서 서비스하는 팟캐스트, '식물 라디오' 오디오클립을 녹음하면서 작업실 옆 공터의 풀꽃을 소개할 기회가 있었어요. 그랬더니 청취자 중 한 분이 공터에서 마찬가지로 자주 볼 수 있는 식물인 제비꽃에 관해 질문을 주셨어요. 이분은 집에서 제비꽃을 키우고 계신다고 하더라고요. 그런데 매년 꽃은 안 피는데 열매를 맺는다고, 이게 어떻게 가능한지 물어보셨어요.

제비꽃만큼 작품의 소재로 자주 등장하는 식물도 많지 않을 거예요. 조금 세월을 거슬러가보면 가수 조동진의 〈제비꽃〉이라는 노래도 있고, 요즘 노래로는 케이팝 그룹인 아이즈원의 〈비올레타〉라는 곡도 떠올려볼 수 있죠. 비올레타가 스페인어로 제비꽃이라고 하더라고요. 일본 드라마 〈언젠가 이 사랑을 떠올리면 분명 울어버릴 것 같아〉에도 제비꽃이 중요한 소재로 등장합니다. 이삿짐센터에서 일하는 주인공이 힘들게 짐을 나르던 도중 콘크리트 사이에서 피어난 제비꽃을 보고 사진을 찍습니다. 그러곤 그 사진을 휴대폰 배경화면으로 설정해두죠. 이후에도 주인공이 힘든 상황을 겪을 때면 제비꽃이 클로즈업되어 나오는데요. 아마 척박한 환경에서도 꽃을 피우는 제비꽃처럼 주인공 또한 어려움을 극복해낼 수 있을 거라는 희망을 보여주고 싶었던 게 아닐까요.

이렇듯 작품 속에 유독 제비꽃이 많이 등장하는 건, 도시에서 우리가 쉽게 마주칠 수 있는 식물이기도 하고, 콘크리트의 부서진 틈이나 벽돌 사이 등 뿌리를 내릴 수 없을 것 같은 곳에서 꽃을 피우는 모습에 사람들이 감동해서인 것 같아요. 우리나라 사람들이 소나무를 좋아하는 이유도 그렇잖아요. 식물이 살기 어려워 보이는 척박한 돌산에서도 자라나는 소나무의 모습에서 영감을 받곤 하죠.

제비꽃이 번식력이 강한 이유는 개미가 이들의 번식을 돕고 있기 때문이에요. 제비꽃의 씨앗에는 엘라이오솜이라는 달콤한 젤리 같은 게 붙어 있는데요. 개미가 이것을 좋아해서 씨앗을 개미집으로 옮기죠. 땅속까지 씨앗을 가져갈 수는 없

제비꽃목 제비꽃과 제비꽃속

제비꽃

Viola spp.

1 삼색제비꽃 *2* 흰젖제비꽃 *3* 노랑제비꽃

으니, 엘라이오솜만 떼서 땅속으로 가져가고 씨앗은 집 입구에 버려요. 개미들은 원래 집 입구에 먹다 남은 음식 찌꺼기를 많이 버리거든요. 그 덕분에 입구에 버려진 씨앗은 개미가 남긴 다른 찌꺼기를 양분으로 삼아 싹을 더 잘 틔울 수 있게 돼요. 그래서 콘크리트 틈이나 벽돌 사이에서 제비꽃이 자라나는 거고요. 다만 제비꽃이 군락을 이루는 경우는 바람의 영향인 경우가 많죠.

제비꽃은 제비꽃속 식물을 총칭합니다. 전 세계적으로는 850종 정도가 온대와 열대 지방에 분포하고, 우리나라에는 학자에 따라서 의견이 다르기는 한데 40종 이상이 분포하고 있습니다. 우리나라에서 가장 많은 종을 가진 식물이에요. 제비꽃부터 흰제비꽃, 호제비꽃, 털제비꽃, 서울제비꽃, 남산제비꽃 등 다양한 종들이 있어요. 제비꽃 하면 보통 보라색을 떠올리지만, 노란색, 흰색 등 꽃 색깔도 다양하고요. 그러나 같은 종이라 할지라도 환경에 따른 변이가 많고, 교잡도 잘되는 편이라 길에 피어난 제비꽃을 보고 식별하긴 어렵습니다. 그리고 이름만으로는 그 형태를 추측하기 어려운 경우가 많아요. 예를 들어, 털제비꽃이란 이름에서 당연히 식물에 털이 많을 것 같겠지만, 실제로는 털이랑 전혀 관련이 없습니다. 긴잎제비꽃도

서울제비꽃

Viola seoulensis Nakai

1 전체 모습 *2* 잎 *3* 꽃 *4* 열매 *5* 씨앗

잎이 길 것 같지만, 그다지 잎이 긴 편이 아니고요.

작년에 서울제비꽃의 세밀화를 그릴 기회가 있었습니다. 서울제비꽃은 우리나라 중북부에서 볼 수 있는데요. 다른 제비꽃들보다 색이 밝고, 잎이 긴 편에 털도 많이 나요. 제비꽃을 자세히 관찰해보면 꽃 뒤편에 주머니 같은 것이 툭 튀어나와 있어요. 바로 꿀주머니인데요. 그 안에는 곤충을 유인하는 꿀이 들어 있지요. 꿀벌은 혀를 길게 내밀 수가 있어, 기다란 꽃을 지나 꿀주머니에 있는 꿀을 먹을 수 있습니다. 다른 곤충은 쉽게 먹을 수 없는 구조로, 제비꽃 매개 꿀벌을 가려내기 위해 이런 형태로 진화된 거예요.

그렇다면 이제 다시 그 청취자분의 질문으로 돌아가볼까요. 제비꽃은 꽃을 피우지 않아도 열매를 맺을 수 있습니다. 제비꽃은 '폐쇄화'라고 해서 꽃이 피지 않은 채로 스스로 수분을 해서 열매를 맺을 수 있거든요. 수술을 암술에 직접 닿게 해서 스스로 수분을 하는 방식이죠. 원래는 꿀벌의 도움으로 수분을 하곤 하지만, 봄 동안 기다렸는데도 곤충이 오지 않으면 여름 즈음엔 차선책으로 스스로 수분을 하여 열매를 맺는 거예요. 제비꽃을 보면 식물은 우리가 생각했던 것보다도 정말 체계적이고 강인한 존재인 것 같습니다.

no. 17 Lavandula angustifolia Mill.

허브식물의 * 등장

인류가 식물에 관심을 갖고 본격적으로 연구에 나선 것은 어떤 식물을 약으로 쓸 수 있을지, 즉 식물의 약용 효과를 알아보기 위함이었어요. 약용식물이라 함은 곧 허브식물이고요. 허브식물이라고 하면 '허브*Herb*'라는 말 자체가 영어이다 보니, 주로 외래 식물이라고 생각할 텐데요. 사실 '허브'는 라틴어로 '풀'을 의미합니다. 특히 향이나 약으로 이용하는 식물 모두를 허브라고 부르죠. 그래서 우리나라 식물 중 고추나 마늘, 참깨, 더 나아가 커피도 향을 이용하기 때문에 넓게는 모두 허브식물이라 할 수 있습니다. 허브식물이라고 해서 모두 이로운 것은 아닙니다. 때로는 임산부나 어린아이들에게는 좋지 않을 수도 있어요. 다행히 허브식물 중 '라벤더'는 모든 사람에게 무난하게 약효를 발휘합니다.

라벤더는 영어 이름으로, 라반둘라*Lavandula*속 식물을 통틀어서 라벤더라고 부릅니다. 원종은 25종 정도이지만 계속해서 품종이 육성되어 전 세계적으로 셀 수 없이 많은 품종이 퍼져 있습니다. 원종의 원산지는 지중해 연안의 이탈리아 부근입니다. 라벤더뿐만 아니라 로즈마리 등 우리와 친근한 대부분의 외래 허브식물들은 지중해 연안이 원산지입니다.

이탈리아에 가면 요리에 허브가 많이 쓰인다는 것을 발견할 수 있습니다. 그런데 라벤더는 특이하게 식용보다는 미용으로 더 많이 사용되고 있답니다. 고대 로마인들은 라벤더 꽃을 목욕물에 섞어서 씻었대요. 라반둘라속이라는 명칭의 연원도 바로 여기서 비롯된 것입니다. 라반둘라에서 '라바*lava*'는 라틴어로 '씻다'라는 뜻이거든요. 로마시대에는 라벤더의 인기가 점점 높아만 가는데 공급이 이를 따르지 못하자, 라벤더 꽃의 파운드당 가격이 당시 농장 노동자의 월급만큼이나 치솟아 논란이 된 적도 있습니다. 마치 네덜란드의 튤립 버블처럼요. 라벤더 사랑은 영국도 유명합니다. 여왕 엘리자베스 1세가 라벤더를 너무 좋아한 나머지 궁중에는 아예 라벤더 납품을 전담하는 사람이 상주했다고 해요. 여왕은 자신의 발길이 닿는 모

라벤더

Lavandula angustifolia Mill.

1 잉글리시 라벤더 *2* 마리노 라벤더 *3* 프렌치 라벤더

든 길에서 라벤더 향이 나길 바랐지요. 여왕이 워낙 좋아하다 보니 영국 내에서도 라벤더 재배가 늘어났어요. 현재 가장 대중적으로 인기가 많은 품종인 '잉글리시 라벤더*English lavender*'는 그 과정에서 탄생했어요.

우리나라에는 1980년대 외국에서 공부하고 돌아온 학자들에 의해 허브식물이 알려지기 시작했습니다. 이후 원예 치료, 아로마 테라피 등 식물로 몸과 정신을 치유하는 활동이 많아지면서 허브식물의 소비가 확 늘었고요. 초기에는 라벤더는 한두 품종만 수입되었는데 이제는 네 품종이 넘어요. 라벤더는 품종에 따라 향이 조금씩 다른데요. 가장 쉽게 구분할 수 있는 방법은 바로 잎 모양입니다. 품종마다 잎 모양이 확연히 차이가 나거든요. 잉글리시 라벤더는 잎이 민무늬이고, 피나타 라벤더*Pinata lavender*는 잎이 가장 가늘죠. 프렌치 라벤더*French lavender*의 잎은 거치가 가장 많은 편이고요. 아마 라벤더의 인기가 높아질수록 수입되는 품종도 더 늘어나겠죠.

저도 라벤더를 키우고 있는데요. 화분에서 잎을 잘라 가방에 넣어두고 있다가 이동할 때마다 가끔 가방에 손을 넣어 라벤더 잎을 만진 다음 냄새를 맡곤 해요. 그러면 기분이 굉장히 좋아지더라고요. 실제로 라벤더에는 신경 안정 효과와 혈

압 강하 효과가 있다고 합니다. 피부 감염을 막아주는 효과도 있고요. 로마시대 사람들이 그러했듯 목욕물에 라벤더 오일을 여섯 방울 정도 넣고 목욕하거나 라벤더 잎을 베개에 넣어두면 숙면에도 도움이 되고요.

최근에는 약용으로서뿐만 아니라 관상용 화훼식물로서도 라벤더의 인기가 높아지고 있습니다. 가까이 일본 홋카이도의 비에이 지역은 7월이면 온통 보랏빛으로 물들어 사람들이 몰리죠. 이처럼 일본이나 유럽 등지에서 라벤더 밭이 관광상품으로 거듭나고 있습니다. 우리나라도 전라남도 광양에 대규모 라벤더 재배 단지가 조성됐어요. 꽃이 필 때는 관상용으로, 그리고 개화 시기가 지나면 약이나 음식 재료로도 이용할 수 있으니, 허브식물의 인기는 앞으로 더욱 커질 것으로 보입니다. 한편 우리가 식물 하나에 얼마나 많은 것을 기대하고 있는지 보여주는 거 같기도 하고요.

no. 18 *Rosmarinus officinalis* L.

향 기 로 * 존 재 를 * 알 리 는 * 식 물

제 작업실에는 화분이 스무 개 정도 있습니다. 대부분은 친구들이 선물로 안겨주거나 키우기가 까다롭다며 제게 맡겨버린 것들이에요. 그래서 화분의 식물들이 꽃을 피울 때면 자연스레 그 친구를 떠올리게 되지요. 꽃 사진을 찍어서 친구에게 보내며 안부 인사를 건네기도 하고요. 최근에는 허브 종류인 로즈마리를 선물 받았어요. 원래 로즈마리 중에 쉽게 구할 수 있는 종인 커먼 로즈마리*Common rosemary*와 크리핑 로즈마리*Clipping rosemary*를 키우고 있었는데요. 이번에 선물 받은 것은 우리나라에서는 희귀 품종인 투스칸블루*Tuscan Blue*와 골든 로즈마리*Golden rosemary*예요. 투스칸블루는 일반적인 로즈마리보다 잎이 도톰하고, 골든 로즈마리는 이름처럼 잎 테두리에 황금색 무늬

꿀풀목 꿀풀과 로즈마리누스속

가 있더라고요.

허브식물 중에 재배가 가장 수월한 종 중 하나가 바로 로즈마리입니다. 이름 때문에 장미와 연관이 있는 건 아닌지 생각할 수도 있는데요. 장미와는 전혀 관계가 없어요. 로즈마리의 속명인 '로즈마리누스*Rosmarinus*'에서 비롯한 영명입니다. 로즈마리누스는 '바다의 이슬'이라는 뜻이에요. 바다에서 자라는 식물도 아닌데 왜 그런 이름이 붙었을까요? 로즈마리는 습한 환경에서 잘 자라기 때문에 바닷가에서도 볼 수 있는데요. 로즈마리의 초록색 잎에 매달린 보라색 꽃이 꼭 이슬 같다고 해서 그런 이름이 붙은 거래요. 로즈마리 또한 라벤더나 민트, 바질 등의 다른 허브식물처럼 지중해 연안, 특히 이탈리아에 분포합니다. 햇빛이 강하고 물이 풍부한 환경에 분포하는 식물이기 때문에, 재배할 때는 물을 자주 주어야 하죠. 이삼 일에 한 번은 햇빛도 흠뻑 쬐여주는 게 좋고요.

우리나라 꽃시장에서 판매하는 품종은 대부분 커먼 로즈마리입니다. 그 밖에는 로즈마리 줄기가 바닥을 타고 올라가는 크리핑 로즈마리도 많이 볼 수 있죠. 최근에는 허브식물의 인기가 높아지면서 다른 품종들도 수입되기 시작했고요. 아무래도 우리나라의 기후는 자생지와 같지 않기 때문에, 아주 크게 자라지는 못합니다. 그러나 제 환경에서 자라면 2미터 높이까지도 자랄 수 있어요. 우리나라에서도 허브 농장처럼 자생지와 환경을 비슷하게 만들어둔 경우는 로즈마리가 1미터까지 자라기도 하죠.

로즈마리의 향은 다른 허브식물에 비해서 강한 편입니다. 향을 맡아보면 톡 쏘는 것 같죠. 허브식물의 향을 맡을 때는 코를 식물에 바로 갖다 대지 말고, 손으로 잎을 비빈 다음 그 손의 냄새를 맡아보세요. 로즈마리의 향이 너무 강해 요리 재료로는 알맞지 않다고 생각할지도 모르겠지만, 오래전부터 이탈리아에서는 음식의 풍미를 살리는 데 많이 사용했어요. 특히 돼지고기나 양고기를 요리할 때 함께 곁들이곤 하죠. 볶은 채소 요리나 수프 위에 파슬리처럼 뿌리기도 하고요. 항산화 효과도 갖고 있어 음식을 보존하는 데에도 사용해왔어요. 잎을 말리면 그 향이 더 섬세해진다고 해서, 잎뿐만 아니라 뿌리, 꽃, 열매, 씨앗 등도 말려서 향신료로 이용합니다.

제가 로즈마리를 요리에 이용하는 모습을 처음 목격한 건 재미있게도 삼겹살집에서였어요. 대학원생 시절, 옆 실험실의 교수님이 삼겹살을 사주신 적이 있는데, 그때 교수님께서 삼겹살 위에 로즈마리를 올려 먹어보라고 알려주셨죠. 로즈마

로즈마리

Rosmarinus officinalis L.

1 전체 모습 *2* 잎 *3* 꽃 *4* 수술 *5* 암술 *6* 씨방 *7* 꽃받침 *8* 씨앗

리 향이 강해서 고기 맛에 영향을 많이 줄 거라고 생각했는데 생각보다 괜찮아서 놀랐어요. 삼겹살에서 이국적인 맛이 나는 것 같기도 하고요. 실제로 서양에서는 돼지고기나 소고기를 구울 때 로즈마리를 줄기째 두세 개 정도 따서 고기 위에 얹어 구워요. 로즈마리 향이 고기의 잡내를 잡아준다고요. 마치 우리가 돼지고기를 삶을 때 잡내를 없애기 위해 된장이나 파, 마늘, 양파 등 우리나라의 허브를 넣는 것처럼요.

아무래도 허브식물은 향이나 약으로 이용하는 식물이다 보니, 효능에 대한 연구가 활발히 이루어져왔는데요. 특히 로즈마리는 뇌기능을 향상시키는 데 도움을 주어 기억력을 좋게 한다고 알려져 있어요. 셰익스피어의 『햄릿』에서도 오필리아가 로즈마리를 가리키면서 "이것은 기억을 위한 것"이라고 말하는 부분이 나오죠. 베개 밑에 로즈마리 가지를 두고 자면 악몽을 꾸지 않는다는 이야기도 전해오고요. 약효가 증명된 건 아닌데 아메리카 대륙의 원시인들은 로즈마리가 대머리도 예방해준다고 믿고 탈모 약으로 썼다는 기록도 있어요. 프랑스에서도 사람들이 탈모 예방에 좋다며 로즈마리 목재를 빗으로 만들어 사용했대요. 그 당시 로즈마리 목재가 비싸다 보니 다른 저렴한 목재를 가지고 빗을 만든 다음, 빗에다 로즈마리 오일을 발라 속여서 파는 경우도 많았대요.

이제 제 작업실 문을 열면 허브 향이 강하게 풍겨 나와요. 원래 있던 두 개의 로즈마리 화분에 두 개가 더 생겼으니 향이 강할 수밖에요. 같은 로즈마리라도 품종에 따라 향이 조금씩 다를 텐데, 어떻게 다른지, 또 꽃의 모양에는 어떤 차이가 있는지 이제부터 자세히 살펴봐야겠습니다. 아직은 작은 모종이지만 좀 더 자라서 내년에 꽃을 피우면, 또 이 식물을 제게 선물해준 사람이 떠오를 거예요. 그럼 다시 안부를 전해야겠습니다.

no. 19 *Artemisia princeps* Pamp.

노벨상을 * 받은 * 식물

3년 전쯤 강화도에 소재한 한 회사로부터 연락을 받았습니다. 강화의 특산품인 사자발쑥을 정유해서 향수나 디퓨저를 개발할 계획인데, 그 상품의 패키지 디자인으로 사용할 식물세밀화를 의뢰하고 싶다고요. 아직 식물세밀화의 역할이 많이 알려지지 않은 상태에서 자꾸 상품 디자인용으로만 개발되다 보면, 기록의 본래 목적을 잃어버릴까봐 상업적 제안에는 많이 응하지는 않는 편인데요. 쑥을 이용해 향초를 제작한다는 점이 흥미롭기도 하고 반갑기도 해서 일을 맡았습니다. 보통 향수나 향초에는 외국 허브식물을 사용하거든요. 시트러스 계열 중에서도 레몬이나 오렌지 향은 있어도 귤향은 없잖아요. 그래서 전부터 우리나라 전통 허브식물들에도 사람들이 관심을 가져주면 좋겠다고 생각했던지라 이런 제안이 반가웠습니다. 강화도에 자생하는 사자발쑥을 관찰해서 세밀화를 그렸는데요. 나중에 완성된 쑥 향초를 보내주셨어요. 향이 너무 진하지도 않고 좋더라고요.

이렇듯 쑥은 쑥국이나 쑥떡같이 식용으로 먹기도 하지만, 약용식물로 사용하기도 하고 라벤더나 로즈마리처럼 그 향을 이용할 수도 있습니다. 요즘엔 쑥이 몸에 들어온 먼지를 해독해준다고 해서 또 큰 관심을 받고 있죠. 쑥은 어느 환경에서나 잘 자라는 식물입니다. 농사짓는 분들은 심지도 않았는데 자라는 들풀을 보통 잡초라고 하는데요. 잡초 중에 대표적인 것이 바로 쑥이죠. 쑥은 시골뿐만 아니라 도시의 길가, 인도의 틈에서도 자라납니다. 생장하는 속도도 빠르고 무리를 지어 자라고요. '쑥대밭'이라는 말 들어보셨죠? "쑥이 무성하게 우거져 있는 거친 땅"이라는 사전의 정의를 봐도 알 수 있듯, 쑥은 토양의 성격을 가리지 않고 어디에서나 잘 자라는 식물입니다. 쑥은 세계적으로는 250종 정도가 분포하며, 아주 추운 극지방이나 특수한 일부 지역을 제외하고는 흔히 찾아볼 수 있습니다. 우리나라에는 그냥 쑥을 비롯해 사철쑥, 개똥쑥, 산쑥, 물쑥, 제비쑥, 실제비쑥, 흰쑥 등 24종의 쑥이 자생하고 있고요.

쑥이 메마른 땅에서도 잘 자라는 이유는 잎 뒷면에 털이 촘촘히 나 있기 때문입니다. 건조한 환경에서 자생하는 식물의 특징으로, 수분이 달아나는 걸 막기 위해 잎에 털이 많이 나요. 가는 털들이 얽혀서 통기성을 떨어뜨리거든요.

쑥의 속명은 아르테미시아*Artemisia*입니다. 그리스신화에서 다산의 여신인 아르테미스에서 따온 이름이에요. 그래서 쑥은 특히 부인병에 좋은 식물이라 알려져 있죠. 북유럽 지역에서는 불임과 부인병, 생리통에 약효가 있는 약초로 유명하고요. 워낙 쑥은 종마다 그 효과가 달라서 서양에서는 신비한 능력을 지닌 식물이라며 점성술에 이용되기도 했습니다. 동양에서도 크게 다르지 않아 영초라고 해서 신비한 약효를 지닌 풀로 알려졌고요. 단군신화에도 쑥이 나오잖아요.

혹시 쑥의 꽃을 본 적 있나요? 이런 질문을 받으면 "쑥도 꽃이 피나요?"라고 하실 수도 있을 것 같아요. 하지만 모든 현화식물들은 꽃을 피웁니다. 그러니 쑥도 당연히 꽃을 피우죠. 우리는 주로 연한 새잎만 따서 채취하니 잎만 보곤 하는데, 꽃도 피고 열매도 맺습니다. 쑥은 국화과 식물입니다. 국화과 식물들의 꽃은 대체로 화려한 편입니다. 대개 곤충을 통해 수분하는 충매화이기 때문이죠. 그런데 쑥은 국화과 식물인데도 꽃

쑥

Artemisia princeps Pamp.

1 꽃이 핀 줄기 *2* 뿌리 *3* 잎 *4* 수술과 암술 *5* 씨앗

이 별로 화려하지 않습니다. 잎 색이랑 비슷한 노란색이며, 수수해서 눈에 잘 띄지 않아요. 쑥은 꽃으로 곤충을 유혹하지 않아도 되는 걸까요? 쑥은 국화과에서 드물게 충매화가 아니라 풍매화입니다. 바람에 꽃가루를 날려 수분하는 거죠. 그래서 곤충을 불러들일 필요가 없어 꽃도 화려하지 않아요.

아마 우리나라에 쑥이 24종이나 자생하고 있다는 사실에도 놀라워할 사람들이 많을 겁니다. 종에 따라 잎이나 꽃 모양이 모두 달라요. 주로 잎을 보면 쉽게 구분할 수 있는데요. 사철쑥은 우리가 평소에 접하는 쑥보다 잎이 가는 편이고, 맑은대쑥이나 넓은잎외잎쑥은 잎이 넓습니다. 국이나 떡으로 해먹을 때 쓰는 쑥은 3~4월에 채취하고요. 약으로 쓸 때는 독이 오르기 직전인 단오쯤에 채취합니다. 쑥에는 부인병부터 해독제, 진통제, 감기 증상 완화, 항암 효과까지 있대요. 특히 개똥쑥은 기존의 항암제보다 항암 효과가 1200배 있다는 연구 결과가 미국에서 발표되기도 했어요. 개똥쑥이 크게 화제가 된 적이 있습니다. 중국의 과학자 투유유*Tu Youyou* 교수가 개똥쑥에 있는 아르테미시닌이란 성분을 이용해 말라리아 치료제를 개발해서 실제로 말라리아 퇴치에 많이 기여했다는 이유로 2015년에 노벨생리학상을 받은 거예요. 그 소식을 접하고 개인적으로

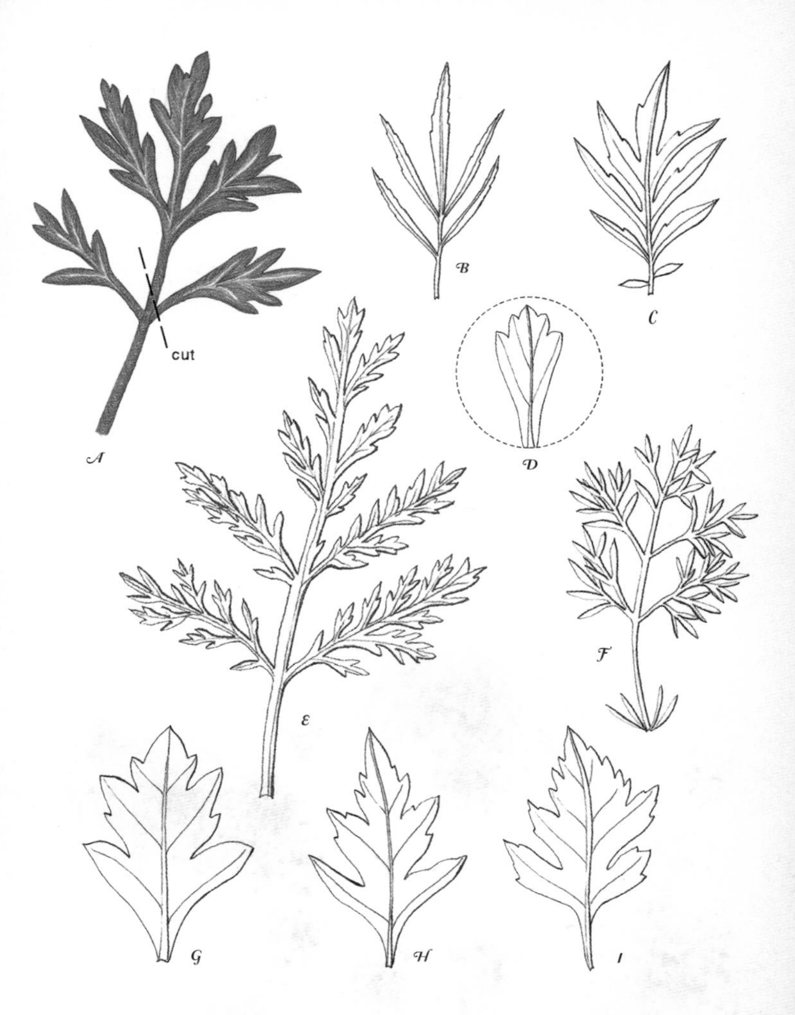

A_쑥 B_물쑥 C_참쑥 D_제비쑥 E_개똥쑥 F_사철쑥
G_맑은대쑥 H_쑥 I_넓은잎외잎쑥

는 동양의 여자 과학자가 분야에서 활발히 활동하며 노벨상까지 수상했다는 사실이 일단 감명 깊었습니다. 그리고 아무 곳에서나 쉽게 자라 흔한 취급을 받는 이 식물을 연구해 말라리아 치료제를 개발했다는 것도 인상 깊었고요. 사람들이 보통 쓸모없는 식물, 방해가 되는 식물을 뭉뚱그려 부르는 잡초도 알고 보면 누군가에게는 귀한 약으로도 쓰일 수 있다는 것을 기억해주세요.

식 물 의 * 치 유 * 능 력

인류가 식물을 처음으로 연구하기 시작한 건 약효가 있는 식물을 찾기 위함이었다고 했죠. 식물도감도 마찬가지 이유에서 펴낸 거고요. 그래서 저도 약용식물세밀화를 의뢰받아 그릴 때는 마치 식물세밀화의 기본으로 돌아간 기분이 들어요. 그리면서 우리나라 산과 들에 살고 있는 식물들의 능력에 다시 한 번 놀라곤 하죠.

우리나라 자생식물 중에서도 한약뿐만 아니라, 양약 제조에 이용되는 식물이 여럿 있는데요. 그중 대표적인 약용식물이 바로 '주목'입니다. 우리가 주변에서 쉽게 볼 수 있는 주목 *Taxus cuspidata* Siebold & Zucc.의 속명인 '탁수스*Taxus*'는 그리스어로 '활'이란 의미의 '탁슨*toxon*'에서 유래했어요. 그리고 종소명인

'쿠스피다타*cuspidata*'는 '뾰족해지다'는 뜻으로, 뾰족한 주목 잎의 형태를 가리키는 것입니다. 잎을 보면 알 수 있듯이 주목은 소나무나 전나무와 같은 바늘잎나무입니다. 그래서 추운 겨울에도 푸른 잎을 계속 볼 수 있어, 도시에서 관상식물로 많이 심고 있고요. 또한 자라는 속도가 느리고, 원예가가 유도하는 방향으로 모습을 갖추어 자라나기 때문에 화훼식물로도 사랑받고 있습니다.

그런데 우리나라에 쿠스피다타 한 종만 자생하는 것은 아닙니다. 설악눈주목*Taxus caespitosa* **Nakai**이라고 많이들 들어보셨을 텐데요. 설악산에 사는 눈주목이라는 의미에서 '설악눈주목'으로 불리는데, 현재는 설악눈주목과 눈주목을 한 종으로 보고 있습니다. 눈향나무, 눈측백과 같이 식물 이름 앞에 '눈'이 붙으면, 수형이 누워 있다는 의미예요. 설악눈주목도 마찬가지죠. 설악눈주목은 주로 누워 있다 보니, 지표면을 덮는 관상식물로서도 심기고 있습니다. 설악눈주목은 그 형태 때문에 식물세밀화를 그릴 때도 다른 식물보다 시간이 배로 걸린 것 같아요. 나무의 경우, 3년 정도 지켜보며 꽃이나 열매가 달린 가지를 그리는 것이 보통인데, 설악눈주목은 누워 있는 것이 큰 특징이기 때문에 전체적인 수형도 그려야 했거든요. 다 그리

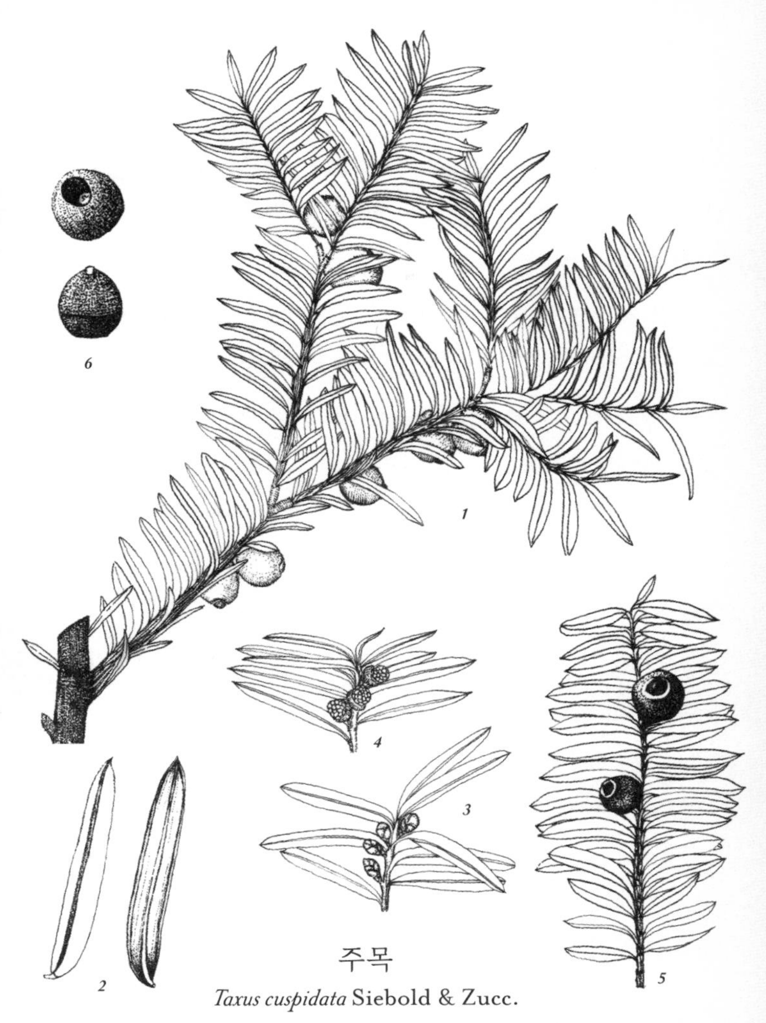

주목

Taxus cuspidata Siebold & Zucc.

1 열매가 달린 가지 *2* 잎 *3* 암꽃 *4* 수꽃 *5* 열매 *6* 씨앗

는 데 7년 정도 걸린 것 같습니다.

주목은 살아서 천년 살고 죽어서도 천년 산다는 말이 있습니다. 주목도 빙하기를 견디고 살아남은 식물 중 하나로, 천천히 자라면서 또 오래 살기도 하는데요. 죽어서도 천년을 산다는 건 죽은 이후에도 그 사실이 바로 티가 나지 않는다는 의미예요. 설악눈주목은 백두대간을 중심으로 고지대에 군락을 지어 200만 년이 넘도록 살아온 것으로 보입니다. 일제 강점기에는 일본에서 그 유용함을 알고 수탈도 많이 해갔습니다. 요즘엔 등산객들에 의해서 피해를 많이 입고 있고요. 씨앗이 발아하는 데만 2년 넘게 걸리다 보니, 가지째 번식시키려고 많이들 베어가거든요. 백 년 넘게 산 주목이 약효가 좋다는 잘못된 소문 때문에 베어가기도 하고요.

물론 주목은 실제로 대표적인 약용식물입니다. 미국에서는 1960년대, 인디언들이 주목을 가져다 염증을 치료하는 모습을 보고 제약회사에서도 연구를 시작해, 주목에서 택솔*taxol* 성분을 추출해냈어요. 이것을 이용해 난소암, 유방암, 폐암 등의 치료에 탁월한 항암치료제를 개발했죠. 그런데 주목의 독성이 강해 너무 많은 양을 섭취하면 부작용으로 위장염이나 심장마비까지 올 수 있어요. 그래서 요즘엔 항암제로 택솔을 많이 사용하지 않는 편이라고 합니다.

사실 주목의 모든 부위에 독성이 있는데요, 특히 줄기 껍질과 잎의 싹 부분은 독성이 매우 강해요. 열매의 경우 과육은 괜찮지만 씨눈에 독성이 많아 열매를 먹더라도 씨는 꼭 뱉어야 합니다. 열매는 눈에 잘 띄게 빨갛고, 과즙은 달면서도 씨앗엔 독성이 있는 것. 주목의 생존 전략입니다. 새들이 멀리서 붉은 색을 보고 날아와 열매를 먹고, 독성이 있는 씨만 변으로 배출하면 계속 번식할 수 있으니까요.

시간이 흐를수록 유용 식물에 대한 연구가 활발해지고 있습니다. 우리가 100년 가까이 복용해온 아스피린도 버드나무 성분을 이용한 것이고, 요즘엔 해독을 돕는다는 헛개나무로 음료도 만들잖아요. 유엔에 따르면 자생식물을 연구해 약으로 이용하는 가치가 매년 400억 달러에 이른다고 해요. 꼭 돈을 위해 식물을 연구하자는 뜻은 아니지만, 이런 약용식물들이 식물 연구의 중요성을 이해하지 못하는 사람을 설득하는 매개가 될 수 있는 것 같아요.

no. 21 Polypodiales spp.

꽃을 * 피우지 * 않는 * 식물

식물세밀화를 그릴 때는 꽃과 열매, 씨앗과 같은 식물의 생식 기관을 더욱 유의해서 그립니다. 식물의 궁극적인 존재의 목적인 번식에 있어 가장 중요한 기관이니까요. 우리가 아는 대부분의 식물은 모두 꽃이 핍니다. 심지어 '무화과(無花果)'라고 이름 붙은 식물조차도 꽃이 핀답니다. 다만 우리가 못 볼 뿐이죠. 그런데 식물 중에서도 꽃이 안 피는 식물이 있긴 합니다. 바로 '양치식물'이에요. 양치식물 하면 산속의 고사리를 떠올리기 쉽지만 요즘엔 '보스톤고사리'처럼 집에서 관상용 식물로도 많이들 키우곤 한답니다.

그런데 양치식물과 고사리가 같은 걸까요? 고사리는 '고사리문'에 속한 식물을 총칭합니다. 여기서 '문'은 식물의 단위

양치식물문 고사리강 고사리목

중 하나입니다. 가장 기본이 되는 '종', 그다음으로 큰 단위가 '속', 이어서 '과', '목', '강', '문', '계' 이렇게 죽 나아가지요. 양치식물은 '문'보다 더 큰 단위입니다. 고사리문뿐만 아니라 '석송식물문'까지를 포함하거든요.

양치식물은 지구상에 만여 종이 분포하는 것으로 알려졌는데, 그중 75퍼센트가 열대지방에 살고 있습니다. 우리나라에는 약 300여 종이 분포하고 있고요. 우리가 시장에서 사 먹곤 하는 고사리도 바로 그에 속해요. 우리나라에서 자생하는 고사리 식물 중에는 고사리, 고비, 섬고사리, 응달고사리, 청나래고사리 등 10종이 식용 가능합니다. 보통 날로 먹지는 않고 어린 순을 삶아서 말린 상태로 보관했다가, 조리 시에 다시 삶아 유해 성분을 제거한 뒤 먹어요. 요즘은 관상용으로 보스톤고사리, 더피고사리, 일엽초, 넉줄고사리 등이 많이 재배되고 있습니다.

양치식물이 세상에서 가장 오래된 식물이라는 이야기도 들어봤을 거예요. 실제로 자연사박물관에 가면 양치식물 화석을 많이 볼 수 있죠. 양치식물은 고생대로부터 3억 4천만 년 동안 지구상에 살아왔다고 합니다. 다만 모든 양치식물이 지구에서 가장 오래된 식물군이라고 말하기엔 무리가 있습니다. 현

큰지네고사리(뒷면)

Dryopteris fuscipes C.Chr.

1 전체 모습 *2* 엽병단면 *3* 열편 *4* 인편 *5* 포자낭군 *6* 포자낭

재 자생하는 만여 종의 양치식물 중 80퍼센트가 꽃을 피우는 '현화식물'보다 늦게 발생했다는 연구 결과가 나왔거든요. 빙하기 이후에 생겨난 종들도 있고요. 그래서 양치식물 자체가 세계에서 가장 오래된 식물이긴 하지만, 종에 따라 꼭 그렇다 말할 수만은 없는 거죠.

그렇다면 양치식물은 꽃을 피우는 대신 어떤 방법으로 번식을 할까요? 꽃을 피우지 않기 때문에 열매도 맺지 않고, 따라서 씨앗도 없지요. 양치식물은 바로 '포자'라는 기관으로 번식을 합니다. 현화식물에서 씨앗과 같은 역할을 하는 거죠. 양치식물 잎의 뒷면에 검은색이나 갈색의 가루가 동그랗게 무리 지어 있는 걸 본 적이 있을 텐데 그것이 바로 포자입니다. 입으로 훅 불어보면 날아가죠. 흥미로운 점은 잎의 뒷면에 포자가 모여 있는 포자낭군의 형태가 품종마다 다르다는 것입니다. 무늬나 색, 모두 제각각이라 관찰하는 재미가 있답니다. 종에 따라서는 뿌리가 굉장히 큰 경우도 있어요. 줄고사리 종류의 더피고사리는 뿌리가 감자처럼 비대하죠. 이렇듯 식물의 다양한 기관별로 주의 깊게 살펴보는 것도 식물을 관찰하는 또 다른 방법입니다.

그럼 양치식물 중에서도 실내에서 가장 많이 키우는 '보스톤고사리'에 관해 좀 더 자세히 알아볼까요. 보스톤고사리 ***Nephrolepis exaltata*** **(L.) Schott**의 원종은 빅토리아시대부터 인기가 많았던 종인데요. 이로부터 육성된 품종 중 현재 가장 많이 알려진 것이 바로 보스톤고사리죠. 보스톤고사리 품종 자체도 계속 육성되어 연녹색의 잎부터 진한 녹색 잎을 지닌 것까지 현재 40여 종이 있습니다. 이 식물은 사실 플로리다에서 육성이 되었는데, 식물을 육성한 사람이 보스턴에 사는 친구에게 그 식물을 보낸 이후 알려지는 바람에 이름이 '보스톤고사리'가 되었다고 합니다. 미국에서는 보스톤고사리를 계기로 관엽식물 산업이 시작되어 특히 의미를 두고 있는 식물이랍니다.

보스톤고사리는 관상용 식물로서의 아름다움뿐만 아니라, 나사(NASA)의 연구 결과 공기정화 식물 9위에 선정되어 인기가 더 많아졌습니다. 더욱이 길게 늘어지며 자라는 형태라 걸이용 식물로도 적합해 사람들이 선호하는 편입니다. 양치식물은 대체로 습한 곳이 원산이라 습하고 어두운 환경을 유지해주는 것이 좋습니다. 특히 보스톤고사리는 아열대 원산으로, 커다란 나뭇잎들로 우거진 정글에서 자라는 보스톤고사리를 떠올리면, 그들이 지내기에 적합한 환경을 상상해볼 수 있을 거예요. 큰 나무에 가려서 햇볕이 잘 비치지 않는 환경에서 진화한 종이기에, 어둡거나 습기가 많은 곳에서 잘 자라는 거죠. 흙에 조금이라도 물기가 없으면 바로 잎이 시들시들해집니다. 그래서 양치식물을 키울 때는 특히 관수에 신경을 써야 해요.

보스톤고사리도 당연히 포자로 번식을 하는데요. 아무래도 집에서 키울 때는 노지에서 재배할 때처럼 포자가 잘 생기진 않습니다. 그래도 이제 포자의 존재를 알게 되었으니, 고사리 뒷면에 무늬가 생기거나 뭐가 묻어 있는 걸 보고 벌레라고 생각하진 않으시겠죠? 고사리 뒷면이 참 독특하다고 생각하고 마는 게 아니라, 이 식물은 왜 이렇게 생긴 걸까 질문으로 접근하면 식물을 더욱 깊이 이해할 수 있는 계기가 되는 것 같습니다. 이것은 식물뿐만 아니라 다양한 생물 모두를 대할 때 필요한 태도이기도 하고요.

no. 22 *Solanum lycopersicum* L.

토 마 토 는 * 과 일 일 까 * 채 소 일 까

토마토는 과일일까요, 채소일까요? 실제로 1893년, 미국에서 이 문제를 두고 법원 판결까지 간 적이 있습니다. 존 닉스*John Nix*라는 과일 수입업자가 주축이 되어 정부를 고소한 사건입니다. 존 닉스는 서인도제도에서 토마토를 수입해 미국에 공급해왔습니다. 그런데 당시 미국 법에 따르면 과일은 면세였고 채소는 10프로의 관세를 내야 했는데, 뉴욕항 세관에서 토마토에 관세 10프로를 매겼습니다. 이에 닉스를 비롯한 수입업자들은 토마토는 채소가 아니라 과일이라며 관세를 돌려달라고 정부를 상대로 미국 대법원에 재판을 걸었습니다. 어떻게 됐을까요? 판사는 “토마토는 식탁에서는 채소가 되기도 하고 식물학적으로는 씨앗이 있기 때문에 과일이기도 하다. 그러나 지금까

토마토

Solanum lycopersicum Linnaeus

지 토마토는 채소로 알려져왔기 때문에 토마토는 채소에 가깝다고 할 수 있다"라며 관세를 매겨야 한다고 판결 내렸습니다.

결국 존 닉스는 관세를 내야 했지만, 그 판결 내용에 따르면 토마토는 과일이기도 하고 채소이기도 하다는 것을 알 수 있습니다. 우리는 흔히 나무에서 열리는 열매는 과일, 풀에서 열리는 열매는 채소라고 구분하곤 합니다. 이것이 틀린 말은 아니지만, 정확히는 씨방 또는 이와 관련된 기관이 자란 것을 과일, 밭에 심어서 가꿔 먹는 식물은 채소라고 정의합니다. 열매 말고도 잎, 뿌리, 꽃 모두 채소라고도 하고요. 이 정의를 기준으로 보아도, 토마토는 역시 과일이면서도 채소입니다. 정확히는 과일의 '과' 자와 채소의 '채' 자를 따서 '과채류'라 부릅니다. 채소 중에서 열매와 씨앗을 식용하는 경우 이를 과채류라 하고, 토마토 말고도 참외와 오이, 가지, 콩과 같은 것들이 이에 해당합니다.

토마토는 가지과 식물입니다. 열대 기후에서는 다년생이고, 온대 기후에서는 일년생이죠. 우리나라에서는 대부분 시설을 이용해 연중 내내 토마토를 재배합니다. 토마토의 원산지는 남아메리카로 추정됩니다. 700년경 아즈텍인들에 의해서 발견된 토마토는 콜럼버스를 비롯한 유럽 탐험가들이 미대륙을 발

가지목 가지과 가지속

견하고 이후 식민지화하면서 세계로 퍼져 나가게 되었죠. 토마토를 처음 접한 사람들은 세밀화로 기록을 남겼는데요, 지금까지 전해진 토마토 세밀화 대부분이 그때 그려진 것입니다.

18세기 초기까지 토마토는 주로 관상용 화훼식물로서 테이블 위에 놓였습니다. 그래서 맛과는 상관없이 다양한 색과 형태를 가진 아름다운 품종으로 육성되었지요. 그러다가 남유럽에서 이들의 식용 가치에 관한 연구가 시작되면서, 토마토가 몸에 좋고 맛도 좋다는 것이 알려져 식용식물로서 품종 육성이 이어졌습니다. 토마토는 남아메리카 원산이다 보니 따뜻한 환경에서 잘 자라, 주로 북유럽보다는 남유럽에서 사랑받았습니다. 특히 이탈리아에서 토마토의 인기가 선풍적이었는데요. 이탈리아의 대표 요리인 피자와 파스타의 소스가 토마토인 것만 봐도 알 수 있죠.

그런데 세밀화로 남겨진 초기 토마토의 모습들을 살펴보면, 지금보다 그 크기가 훨씬 작은 걸 알 수 있습니다. 흔히 야생의 큰 토마토를 간편하게 먹기 위해서 인류가 방울토마토, 대추토마토로 개량했을 것이라 추측하기 쉽지만, 토마토의 원종은 방울토마토라고 할 수 있는 꼬리토마토*Lycopersicon esculentum* var. *cerasiforme*입니다. 즉, 꼬리토마토가 우리가 현재 재배하는 토마토의 조상인 것이죠. 토마토가 지금의 큰 토마토로 육성되기까지는 남유럽을 지나 미국 식물학자인 알렉산더 리빙스턴 *Alexander Livingston*이라는 과학자의 역할이 컸습니다. 현재는 세계적으로 토마토 품종이 천 개가 넘습니다. 지역에 따라 유럽에서 육성한 유럽계와 아시아에서 육성한 동양계로 나누기도 하고, 크기에 따라 방울토마토와 일반 토마토로 나누기도 하죠. 우리가 쉽게 접할 수 있는 유명한 품종으로는 방울토마토의 일종인 '대추토마토'나 방울토마토와 일반 토마토의 중간 크기인 '쿠마토', '슈퍼', 익으면 주황색이 되는 '케이티노랑', 녹색의 '그린조이' 등이 있습니다.

이렇듯 토마토의 품종이 다양한데, 우리나라 시장에서는 유럽 토마토가 70프로 이상을 차지하고 있는 까닭은 무엇일까요? 국내에서 토마토를 좋아하는 이유가 무엇인지 설문조사를 했는데, 가장 많이들 꼽은 이유가 바로 가격이 다른 과일들에 비해 싸다는 것이었습니다. 사람들이 가격이 저렴한 유럽종 토마토만을 원하다 보니, 대저토마토와 같은 명품 토마토 품종은 그 수가 점점 줄어들 수밖에 없죠. 토마토를 연구하는 식물학자들은 사람들이 유독 토마토만은 가성비를 따져가며 저렴한 종만 찾는다며, 연구하는 입장에서 새로운 품종을 육성해도 소비량이 늘지 않아 회의감이 든다고 합니다. 재배하는 농부분들도 마찬가지고요.

수목원에서 일하던 때, 제 뒷자리 식물분류학자의 고향은 화천이었습니다. 그는 여름이면 종종 집에서 농사지은 토마토를 가져와 나눠주곤 했어요. 화천 토마토가 그렇게 맛있는지 저는 그때 처음 알았답니다. 과육이 단단하고 재배가 수월한 유럽계 품종에 비해서 동양계 품종들은 당도가 더 높고 식감이 좋습니다. 평소 조용하던 화천은 여름만 되면 아주 떠들썩해집니다. 토마토 축제가 열릴 때거든요. 저도 마침 기회가 생겨 토마토 축제에 가보았습니다. 그곳에서 다양한 품종의 토마토도 만나보고, 화천 농가에서 직접 재배한 토마토도 저렴하게 구입할 수 있었습니다. 귀여운 굿즈도 있었고요. 축제의 하이라이트는 광장에서 벌어진 토마토 던지기 행사였습니다. 스페인의 축제처럼 사람들은 토마토 즙에 물든 옷을 입고 토마토를 마구 던지며 자유롭게 뛰어놀았죠. 토마토 축제를 즐기는 많은 사람들의 모습을 보며, 앞으로는 시장에서도 좀 더 다양한 종류의 토마토를 만나보게 되지 않을까 하는 기대감이 들었습니다.

no. 23 *Vaccinium corymbosum* L.

블루베리로 * 도감을 * 만들 * 수 * 있나요?

장마가 끝나면 달고 맛있는 여름 과일들이 본격적으로 나오기 시작합니다. 자두, 천도복숭아, 앵두, 보리수 등 빛깔도 영롱한 과일들을 실컷 먹을 수 있어요. 이런 상큼하고 탐스런 과일 덕분에 그나마 더위를 견딜 수 있는 것 같아요. 전 이맘때가 되면 떠오르는 나무가 있습니다. 바로 국립수목원 관목원에 심겨 있던 블루베리 나무 세 그루예요. 이 나무들은 6월이 되면 까만색 열매를 주렁주렁 매달고 있다가 장마철이 되면 바닥에 까만 칠을 해놓고 사라지곤 했어요. 전시원 리모델링 사업으로 이제 그 나무들은 사라졌지만 그 당시는 우리나라에 블루베리가 아직 흔치 않았던 때라 유독 기억에 남습니다.

저는 블루베리 도감을 따로 만든 적도 있어요. 2013년,

손바닥만 한 얇은 책을 만들고, 이를 모아 판매하는 기획전에 참여하게 되었는데요. 저는 어떤 책을 만들까 고민하다가 식물 세밀화 도감을 만들기로 마음먹었습니다. 도감의 주제를 두고 고민하고 있으니, 주변에서 주로 멸종 위기 식물이나 희귀 식물을 중심으로 조언해주더라고요. 식물도감이라고 하면 사람들은 보통 산이나 들에서 자생하는 식물의 정보를 모았다고 생각하니까요. 그런데 저는 이 기획전을 찾는 사람들이 단지 식물에만 관심 있는 분들은 아닐 거라는 생각에, 일반 대중이 흥미를 느낄 만한 책을 만들고 싶었어요. 그래서 젊은 연령층이 관심 갖기 시작한 블루베리 도감을 만들어보기로 했어요. 마침 그때가 블루베리 열매를 관찰할 수 있는 시기기도 했고요.

그렇게 수소문을 해서 한 블루베리 농장을 찾았어요. 강원도 춘천에 있는 농장이라 제 작업실이 있던 남양주와 그리 멀지 않았습니다. 식물을 관찰하여 그릴 때는 대상과의 물리적 거리도 매우 중요하거든요. 그곳의 농장주분께 허락을 받고서 블루베리를 관찰하고 채집해 그림으로 기록하기로 했습니다. 그 농장에는 열다섯 종 정도의 블루베리 나무가 있었어요. 블루베리 종류가 한 농장에서만도 이렇게 많다는 게 믿기 어려우실 수도 있을 거예요. 하지만 사과만 해도 아오리, 부사, 홍옥, 썸머킹 등 다양하잖아요. 블루베리도 엘리자베스, 듀크, 블루크롭 등 굉장히 다양한 품종이 있어요.

저는 2주 정도 농장을 오가며 블루베리를 관찰하고 채집하고 스케치한 다음, 한 달 정도 후에 도감을 완성했습니다. 농장에서 스케치를 하고 있으면 주인분이 다가와 그 맛을 알아야 어떤 품종인지 기억도 잘 난다며, 먹어보라고 청하곤 했어요. 그래서 블루베리를 따먹어가며 그림을 그렸답니다. 평소에 우리는 마트에서 이미 수확되어 포장된 블루베리만 접할 수 있잖아요. 사실 엇비슷해 보이는 검정색 열매라, 열매만으로는 정확한 품종을 식별하기 어렵습니다. 품종별로 맛이나 형태, 꽃 등을 나누어 살펴본다면 좀 더 쉽게 구분할 수 있을 거예요. 그래서 책을 읽은 분들이 블루베리의 품종을 정확히 구분하진 못해도, 이렇게 다양한 품종이 있다는 사실만이라도 알아주면 좋겠다는 바람으로 블루베리 도감을 만들었습니다.

실제로 우리나라에서 재배되는 블루베리는 100품종이 넘습니다. 물론 그중에서도 주로 재배하는 주요 품종들이 따로 있긴 하죠. 블루베리가 우리나라에서 본격적으로 재배되기 시작한 건 2000년대에 들어서부터입니다. 사실 인류가 야생 블루베리를 개량해 재배하기 시작한 지도 그리 오래되진 않았어요. 1920년대 미국에서 처음 연구해 재배하기 시작했으니, 아직 백 년 정도밖에 되지 않은 거죠. 만여 년 전에 아메리카 대륙의 원주민들이 야생 블루베리 열매를 따먹었다는 기록이 있긴 합니다. 이렇듯 블루베리는 미국에서 재배하기 시작한 작물로, 현재도 그 수확량이 가장 많습니다. 그 밖에 칠레, 유럽, 뉴질랜드 등지에서도 재배하고 있고요.

아시아에서는 50년쯤 전에 일본이 처음으로 미국으로부터 블루베리를 도입해 연구 및 재배하기 시작했습니다. 우리나라는 1960년대에 처음 들여오긴 했지만, 본격적인 연구는 2000년대 들어서 시작되었어요. 블루베리가 시력 보호에도 도움을 주고, 항산화 효과로 노화를 억제한다는 등의 효능이 방송매체를 통해 알려지면서 찾는 사람들이 많아졌거든요. 블루베리는 미래가 더 기대되는 과일이에요. 요즘엔 약용으로뿐만 아니라 요리 재료로도 다양하게 활용되면서 수요가 늘어, 우리나라에서도 재배 농가 수가 급격히 늘어났습니다. 고급 과일이라는 이미지 때문에 꽤 높은 가격으로 거래할 수 있는 데다, 포도 등의 작물에 비해 재배가 수월한 편이라 포도에서 블루베리로 종목을 바꾸는 농가가 많아졌다고 해요.

블루베리는 진달래과 산앵도나무속 식물입니다. 산앵도

나무속 식물은 전 세계적으로 450여 종이 분포하고 있죠. 우리나라에도 열세 종이 자생하는데요. 산앵도나무, 산매자나무, 정금나무, 들쭉나무, 모새나무 등으로, 이들 모두 블루베리처럼 붉은색 혹은 보라색의 동그란 열매가 달려요. 모두 식용할 수 있는 열매인데요, 그중에 들쭉나무 열매는 북한에서는 술로 담가 특산물로도 판매한다고 해요.

우리가 시중에서 가장 쉽게 구할 수 있는 블루베리 품종

A_ **엘리오트** Elliot B_ **노스컨트리** North country C_ **패트리오트** Patriot
D_ **엘리자베스** Elizabeth E_ **다로우** Darrow

은 미국에서 개량한 것으로, '하이부시 블루베리'입니다. 하이부시 블루베리는 로우부시, 레빗아이와 더불어 미국에서 개량한 대표적인 블루베리 품종 중 하나예요. 다른 품종보다 추위를 잘 견디고, 과실 크기가 크며 당도가 높아 인기가 많죠. 농가에서 많이 재배하고 있는 듀크, 블루크롭, 엘리어트 모두 하이부시 블루베리 품종에 속합니다. 그중 듀크는 6월 초, 중순이면 열매가 익는 극조생종으로, 과즙이 많고 과육이 단단하

F_ **찬티클리어** Chanticleer G_ **노스랜드** North land H_ **레가시** Legacy
I_ **스파탄** Spartan J_ **블루크롭** Bluecrop

며 무엇보다 생산성이 뛰어나 우리나라에서 가장 많이 재배하는 품종입니다. 최근 지자체를 중심으로 듀크 품종으로 블루베리 막걸리를 개발했다는 소식도 들은 적이 있어요. 미국, 유럽 등지에서도 블루베리를 이용해 와인을 만드는 등 잼, 식초, 술 등으로 다양하게 활용하고 있답니다.

과일은 주로 당도와 산도의 비율을 중심으로 개량이 되는데요, 그 차이에 따라 각자의 역할도 다릅니다. 어떤 종은 생과로 먹기 좋고, 또 다른 종은 주스나 통조림용 재료로 사용하기 좋다는 식으로요. 과일나무이지만 관상용으로 알맞은 품종도 있죠. 블루베리 중 티프블루라는 품종은 잎이 옅은 연두색인 데다, 꽃도 작은 방울꽃같이 예뻐 특히 관상용으로 인기가 많아요. 제가 펴낸 블루베리 도감을 보고서 가장 많이들 하시는 말씀이 블루베리 종류가 이렇게 다양한지 몰랐다는 것이었습니다. 그런데 실제로는 제가 그렸던 것보다 훨씬 많은 품종, 무려 백여 종이 넘는 블루베리가 우리나라에서 재배되고 있어요. 물론 그중에 많은 수가 병해충이나 바이러스로 인해, 또는 더 나은 개량종에 밀려 사라지게 되겠죠. 그런 걸 생각하면 지금 눈앞에 있는 이 작은 나무가 더욱 소중해지는 것 같습니다.

한 여 름 의 * 과 일

복숭아는 한여름의 과일입니다. 미국에서는 국가 차원에서 8월을 '복숭아의 달'로 지정하고 있는데요. 복숭아의 달을 맞아 대중에게 『뉴욕의 복숭아*The peaches of New York*』라는 책을 소개하기도 했습니다. 미국 농무부의 뉴욕 농업 실험소에서 1917년에 펴낸 것으로, 그 당시 뉴욕에서 재배하는 복숭아 품종을 중심으로 세밀화와 함께 기록하고 있는 책이에요. 한 페이지에 한 종씩 실물 크기로 세밀화가 수록되어 있는데요, 열매뿐만 아니라 가지에 매달린 모습이라든지 그 씨앗도 함께 그려진 것이 특징입니다. 1900년대 초반 미국에서 인기 있는 과일의 품종별 특성과 역사, 재배 방법 등을 엮은 간행물 시리즈 중 한 권으로, 복숭아는 사과, 포도, 매실, 버찌에 이어 다섯 번째 책이었어요.

저도 지난여름, 농촌진흥청의 의뢰를 받아 '유미'라는 신품종 복숭아의 세밀화를 그린 적이 있어요. 유미는 농촌진흥청에서 육성한 품종으로, 조생종이지만 크기가 크고 당도도 높으며, 무엇보다 병해충 피해가 적은 편이라고 합니다. 복숭아를 재배할 때는 병해충을 피하고 착색이 잘되라며 보통 과실에 종이 봉지를 씌우는데요. 유미 복숭아는 번거롭게 봉지를 씌우지 않아도 되도록 품종을 개량한 거예요.

복숭아는 복사나무의 열매로, 복사나무*Prunus persica* L. Batsch의 속명이 프루누스*Prunus*인 것에서 벚나무나 매실나무와 가족인 것을 추측해볼 수 있죠. 실제로 꽃을 피우고 열매를 맺는 모습도 비슷합니다. 벚나무의 벚꽃과 버찌, 매실나무의 매화와 매실처럼 열매를 부르는 말과 꽃을 부르는 이름이 따로 있는 건 열매만큼 꽃도 오랫동안 관상식물로서 사랑받았기 때문이에요.

종소명이 페르시카*persica*인 것에서 복사나무의 원산지가 페르시아라고 생각하기 쉬운데요. 페르시아에서 재배를 가장 많이 해오긴 했지만, 중국이 원산입니다. 복숭아는 재배 역사가 무척이나 오래된 작물로, 그 시초를 짐작하기 어렵습니다. 복숭아의 기원이 곧 농업의 기원과 같다는 말이 있을 정도

복숭아(유미)

복사나무 꽃

죠. 그래서 막연히 페르시아를 복사나무의 원산지로 여겨왔지만, 메이어라는 미국의 식물학자가 중국에서 복사나무 원종을 발견하면서 이들이 중국 원산임이 밝혀졌습니다. 메이어*Frank N. Meyer*가 처음 복사나무를 발견하고 미국 농무성에 보낸 서한에서 그 원종의 생김새를 그려볼 수 있어요.

"나는 처음으로 황토 절벽 바다 위 4000피트 고도에서 복사나무를 보았다. 원주민에 따르면 이들은 분홍색 꽃을 피운다고 하고, 우리가 알고 있는 재배 복숭아보다는 크기가 작고 나무 수형도 작다."

추측해보건대 복숭아는 처음 실크로드를 통해서 중국에서 페르시아로 전해졌을 테고, 알렉산더 대왕이 페르시아에서 복숭아를 발견해 유럽에 소개했을 겁니다. 그리고 스페인 등 유럽 사람들에 의해 아메리카 대륙에도 전해졌겠죠. 중국에서는 복숭아가 장수의 의미가 있는 행운의 과일로 통합니다. 그래서 중국 사람들이 가장 좋아하는 과일이고요. 세계 최대 생산지이기도 해서, 800종 이상의 품종을 육성하고 있습니다.

우리나라에는 개항 이후 복숭아가 본격적으로 들어오기 시작했는데요. 일본에서 이주해온 사람들이 항구 근처에서 소규모로 재배하다가 1906년, 아예 국가 차원에서 미국과 중국, 일본의 품종을 들여오기 시작했어요. 그러나 3천 년 전의 복숭아 씨앗이 발견되기도 했고, 『삼국유사』에도 복숭아 이야기가 등장하는 걸 보면 이전부터 소규모로는 재배해온 것으로 보입니다. 현재 우리나라에서는 경북 지역에서 복숭아 재배를 가장 많이 하고 있어요. 그다음은 충북 지역이고요.

복숭아는 형태에 따라서 크게 천도복숭아와 털복숭아로 나뉩니다. 다시 털복숭아는 노란색 껍질의 황도와 흰 껍질의 백도로 나뉘고요. 흥미로운 사실은 아시아에서는 백도가 인기 있지만, 유럽이나 미국에서는 황도를 더 선호한다고 해요. 백도가 일반적으로 당도가 더 높고, 황도는 산도가 더 높죠. 품종을 좀 더 자세히 살펴보면, 천도복숭아로는 천홍과 암킹, 레드골드 등의 품종, 그리고 털복숭아로는 천중도 백도, 장호원 황도 등의 품종이 시중에 많이 유통되고 있습니다.

우리나라에 들여온 복숭아 품종 중 절반은 일본 품종입니다. 그러다 보니 추위에 견디지 못하고 쉽게 죽곤 하죠. 그래서 이제 우리나라 기후에 맞는 국산 품종을 육성하려고 애쓰고 있습니다. 천도복숭아 중에 천홍, 털복숭아 중에 제가 그린 유미나 수미, 미홍 등이 국산 품종이에요. 그리고 앞으로는 다른 과일처럼 1인 가구에 맞게 간편히 먹을 수 있고 재배가 쉬운 품종 개발에 집중할 예정이라고요. 미국 농무부에서 복숭아 책을 만들었듯이 저도 우리나라에서 육성하고 있는 복숭아를 품종별로 모두 세밀화로 그려서 기록물로 엮을 수 있으면 좋겠습니다.

no. 25 *Vanilla planifolia* Jacks. ex Andrews

바 닐 라 * 전 쟁

10년 전 즈음, 컵케이크를 만드는 수업을 들은 적이 있습니다. 천연재료를 레서피에 활용하는 것으로 유명한 강좌였죠. 그날은 바닐라 맛 컵케이크를 만들 차례였습니다. 선생님은 주재료인 바닐라빈을 우리에게 보여주었습니다. 그동안 바닐라 맛 아이스크림이나 빵을 수없이 먹어왔지만 바닐라빈을 실제로 본 건 그때가 처음이었어요.

바닐라는 쿠키와 빵, 차의 원료이자 제가 즐겨 먹는 초콜릿의 주재료이기도 합니다. 우리가 소비하는 아이스크림의 1/3이 바닐라 맛 아이스크림이고요. 바닐라가 들어 있을 거라고는 상상하지 못할 것에도 달콤함이나 부드러움을 내기 위해 바닐라를 첨가하는 경우도 있습니다. 샤넬의 대표적인 향수인 '넘버

파이브'에도 바닐라가 함유되어 있죠. 입생로랑에서 출시한 향수 '오피움'도 마찬가지고요.

콜라에도 바닐라가 들어간다는 사실, 알고 계세요? 콜라의 원료는 코카나무라는 식물로 알려져 있지만 바닐라도 주요 원료 중 하나랍니다. 한번은 코카콜라 측에서 바닐라를 첨가하지 않은 새로운 레서피의 콜라 라인을 만든 적이 있는데, 이때 전 세계 바닐라 소비량이 대폭 줄면서 바닐라의 주재배지인 마다가스카르의 경제가 붕괴 상태까지 갔다는 이야기가 있을 정도예요.

바닐라에 대한 오해는 이것뿐만이 아닙니다. 바나나와 착각하는 사람도 꽤 많더라고요. 이름이 비슷한 데다 둘 다 달고 부드러운 향이 나서 헷갈릴 수 있지만, 바닐라는 난초과 바닐라속이고 바나나는 파초과 파초속*Musa*으로 전혀 다른 식물이에요. 바닐라는 '먹을 수 있는 난'으로, 우리가 아는 다른 난초들처럼 다른 식물에 착생해 살아갑니다. 바닐라라 총칭하는 무리, 바닐라속에는 100종 정도의 원종이 있는데, 이들은 멕시코와 동남아를 중심으로 마다가스카르까지 분포합니다.

우리는 보통 바닐라의 열매만 이용하곤 하지만, 이 원종 또한 다른 현화식물처럼 아름다운 꽃을 피웁니다. 옅은 노란색

바닐라

Vanilla planifolia Jacks. ex Andrews

1 꽃이 달린 줄기 *2* 꽃 *3* 열매 *4* 씨앗 *5* 건조 후의 열매

의 꽃이 일 년에 딱 하루만 피는데, 꽃이 진 자리에서 녹색 열매가 열리고 그 열매 꼬투리가 여물기 전에 수확해 가공한 것이 바로 우리가 이용하는 바닐라빈입니다. 익지 않은 바닐라빈을 실제로 본 적은 없지만, 전해 듣기로는 수확하기 전 바닐라 열매가 녹색일 때는 우리가 바닐라 향 하면 떠올리는 그 냄새가 나지 않는다고 해요. 녹색의 열매를 수확한 다음, 이를 펴서 말리고 수분을 발산하는 과정을 반복해야만 짙은 갈색이 되면서 바닐린이라는 화합물질이 방출되어 비로소 바닐라 향이 나게 된다고요. 요즘에는 건조를 오븐에 굽는 것으로 대신한다고도 하네요.

바닐라는 꽃도 워낙에 짧게 피고, 바닐라빈을 생산하는 과정에 손도 많이 가기 때문에 향료 중 유난히 비싼 편에 속합니다. 샤프란 다음으로 비싼 향료라고 하더라고요. 무엇보다 바닐라는 열매를 쉽게 맺지도 않습니다. 열매를 맺으려면 수분을 해야 하는데, 바닐라의 경우 특정 곤충에 의해서만 수분하기 때문에 그 곤충이 살지 않는 지역에서는 아예 재배 자체가 어려운 것입니다.

대항해 시대, 멕시코에서 바닐라를 처음 발견한 스페인 사람들이 이를 본국에 가져왔다가 제대로 번식시키지 못한 이

난초목 난과 바닐라속

유도 바로 그 때문이었죠. 그들은 멕시코의 아즈텍족이 야생 바닐라를 음료로 마시는 걸 보고 유용한 식물로 여겨 1519년, 바닐라를 유럽에 들여왔습니다. 그런데 그 바닐라는 열매도 맺지 못하고 번식도 하지 못했습니다. 바닐라의 수분 매개자인 곤충이 유럽에서는 서식하지 않은 것이 원인이었음이 나중에 밝혀졌지요. 이후 식물학자들이 300년 동안 바닐라의 수분 매개자인 벌을 대신할 방법이 무엇인지 연구했지만, 그 답을 찾지 못했습니다.

이렇게 까다롭게 장소를 가리던 바닐라가 지금은 세계적인 향료가 된 것은, 아프리카의 한 농장에서 일하고 있던 '에드몽*Edmond Albius*'이란 소년 덕분이었습니다. 자신의 농장에서 바닐라를 재배하고 싶었던 소년은, 바닐라 꽃잎을 뒤로 젖혀 자가수정을 방해하는 부분을 대나무 가지로 들어 올려 수분시키는 방법을 찾아냈습니다. 현재까지 세계의 모든 바닐라 재배지에서 이 방법을 사용하고 있죠. 멕시코를 넘어 아프리카, 마다가스카르, 인도네시아에서 바닐라 재배가 가능하게 된 건 모두 소년 에드몽 때문입니다. 그가 발명한 인공수정법을 소년의 이름을 따 '에드몽의 손짓*Le geste d'Edmond*'이라 부르고 있죠.

그런데 최근 바닐라는 전쟁을 치르고 있습니다. 전 세계 바닐라의 80퍼센트가 생산되고 있는 마다가스카르에 태풍이 불어닥친 바람에 바닐라 농장들이 피해를 입어 생산량이 크게 줄게 된 것입니다. 수요는 많은데 공급이 줄면서 2017년부터 바닐라 가격이 최고가를 기록했고, 가치가 높아지자 마다가스카르의 농장에서 바닐라빈을 훔치는 도둑까지 생겨났습니다. 도둑질에 화가 난 농부들이 도둑을 살해했다는 기사가 지구 반대편의 우리나라에도 보도될 정도였어요.

다행히 현지에서 바닐라 가격이 비싸졌다고 우리가 먹는 바닐라 아이스크림 가격이 오르지는 않을 듯합니다. 우리가 먹는 아이스크림에는 천연 바닐라보다 인공 바닐라가 함유된 경우가 훨씬 많기 때문이죠. 전 세계에서 소비되는 바닐라 향 가운데 90퍼센트가 인공 바닐라 향이랍니다. 바닐라는 활용도가 높고, 향을 재현하기가 비교적 쉬운 편이라, 인공 바닐라 향을 제조하기 위한 연구가 꾸준히 진행되어왔습니다. 요즘은 쌀겨와 계피에서도 추출한다고 해요. 물론 천연 바닐라와 인공 바닐라는 그 맛과 향이 다르기 때문에, 고급 레스토랑에서는 천연 바닐라를 고집하곤 하지만요.

앞으로 기후 변화와 지구 온난화가 지속되고 태풍과 지진, 해일과 같은 자연재해가 잦아지면, 마다가스카르의 바닐라 전쟁과 같은 일이 우리나라, 우리 주변에서도 충분히 일어날 수 있을 거예요. 게다가 그 작물이 우리가 가끔 먹곤 하는 바닐라가 아니라 벼, 밀과 같은 주식이라면 어떨까요? 아마 이야기는 크게 달라질 것입니다. 바로 이것이 바닐라 전쟁을 지구 반대편 남의 이야기가 아닌 우리 모두와 관련된 이야기로 받아들여야 하는 까닭이에요.

no. 26 *Hosta longipes* (Franch.&Sav.) Matsum.

초록이 * 가득한 * 여름의 * 정원

초록색도 명암과 채도에 따라 그 빛깔이 다채롭다는 걸 여름의 정원을 보며 느끼곤 합니다. 언뜻 잎 모양은 비슷해 보이지만 어떤 건 초록색 잎에 베이지색 줄무늬가 있고, 또 어떤 잎은 연한 연둣빛입니다. 또 다른 잎은 파란색에 가까운 녹색이고요. 잎 형태도 아주 크고 빳빳한 것부터 작고 동그란 것까지 다양합니다. 그런데 사실 이들은 같은 한 무리의 식물이에요. 바로 비비추속*Hosta*, 비비추이죠.

이 식물들을 소개할 때는 비비추라고 불러야 할지, 호스타라고 해야 할지 고민에 빠집니다. 국명으로는 비비추라고 부르는 것이 맞는데, 이미 원예식물로 호스타라는 이름으로 많이들 유통되고 있거든요. 이럴 때 저는 '국가표준식물목록'을 기

백합목 백합과 비비추속

준으로 삼습니다. 국가표준식물목록은 산림청 국립수목원이 운영하는 심의회에서 제안하는 식물의 정명이거든요. 국가표준식물목록에는 비비추로 등록되어 있답니다. 물론 호스타라고 부르는 것이 잘못된 건 아니에요. 국명과 영명의 차이 정도로 생각하면 될 것 같아요.

비비추는 백합과 비비추속 식물을 총칭합니다. 잎이 크고 화려해 서양에 분포하는 식물이라 생각하기 쉽지만, 이들의 원산지는 동아시아입니다. 한국, 중국, 일본 등지에 분포하는 식물로 원종은 35종이라 알려져 있어요. 우리가 도시의 아파트 단지 정원이나 공원에서 볼 수 있는 비비추는 품종 개량한 재배 식물입니다. 이런 재배 품종은 전 세계에 3천 종 이상이 분포하고 있고요. 비비추가 서양에 알려지기 시작한 건 식물세밀화 덕분이에요. 중국이나 일본에서 머물던 유럽인들이 비비추속 원종을 발견해 프랑스 파리식물원에 보냈고, 식물원 소속의 학자들이 그것을 그림으로 그리면서 비비추가 알려진 거죠. 잎이 크고 색도 다양하여 관상용으로도 좋고, 자연 교잡이 많은 편이라 1900년대에 들어서는 정원식물로 널리 심기기 시작했고요. 비비추는 조경가들이 특히 선호하는 식물입니다. 주변에 잡초를 잘 못 자라게 하고 병해충에도

비비추

Hosta longipes (Franch.&Sav.) Matsum.

강해, 무리로 심으면 그 초록빛이 더욱 돋보이거든요.

비비추속 원종 35종 중에서 6종이 우리나라 산과 들에 분포하고 있습니다. 주걱비비추, 한라비비추, 좀비비추, 흑산도비비추, 다도해비비추 그리고 일월비비추 이렇게요. 그중 한라비비추와 좀비비추, 흑산도비비추, 다도해비비추 네 종은 전 세계에서 우리나라에서만 분포합니다. 한국특산식물로, 아주 중요하고 귀한 종이죠. 그래서 우리나라 원예학자들이 책임감을 갖고서 이들을 개량하고 육성하고 있습니다. 흑산도비비추를 개량한 품종으로는 홍도, 은하 등 우리말 이름이 붙은 품종도 있어요.

우리가 도시에서 볼 수 있는 비비추는 키가 1미터에 가까

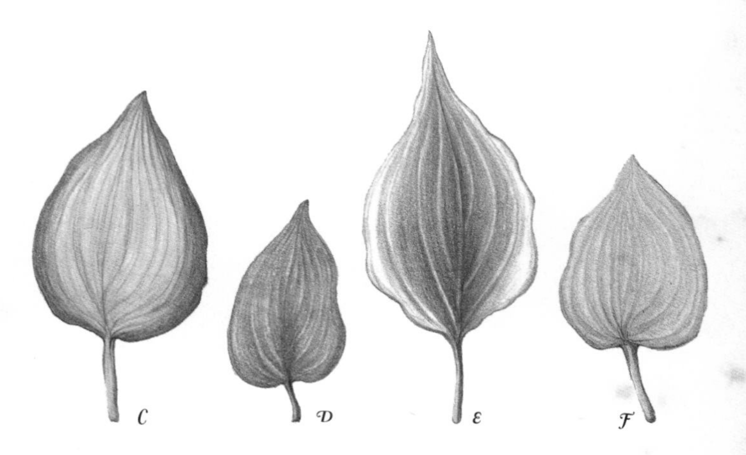

A_ **크리스마스 캔디** Christmas Candy B_ **레갈 스플렌더** Regal Splendor
C_ **블루 에지** Blue Edge D, E_ **화이트 에지** White Edge F_ **옐로 티아라** Yellow Tiara

운 사게라는 아주 거대한 종부터 블루마우스이어스라는, 키가 다 커봐야 20센티미터도 되지 않는 아주 작은 미니어처 비비추까지 잎의 크기나 색이 매우 다양합니다. 블루마우스이어스는 이름처럼 잎에 파란빛이 돌고 쥐의 귀와 그 모양이 닮았죠. 비비추는 관상식물로서 주로 정원수로 쓰이곤 하지만, 약용 효과도 있습니다. 생긴 모양이 쌈채소 같아서 먹어도 될 것 같지만 맛은 없고 씹는 질감만 있어 식용은 하지 않고, 찧어서 종기, 뱀 물린 데 붙이면 약효가 있다고 해요. 잎에서 오일을 추출해 향수를 만들기도 하고요. 꽃은 먹기도 하는데 후추 맛이 난다고 해요. 항암 효과가 있다고 알려져 있고요.

흥미로운 점은 비비추의 경우 다른 식물과 달리 사람들이 주로 잎을 주목해 사진으로 남기거나 한다는 것입니다. 비비추도 물론 꽃을 피우긴 합니다. 여름이 되면 연보라색이나 보라색의 꽃을 피워 또 다른 아름다움을 선사하기도 하죠. 옥잠화의 경우에는 흰색의 꽃을 피우고요. 그러나 잎이 열쇠(분류키)이기 때문에 꽃만으로는 종 식별이 어렵습니다. 사람들은 보통 식물의 꽃을 보고서 아름다움을 느끼곤 하는데요. 비비추를 보면 꽃이나 열매만큼 잎도 아름다울 수 있음을 말해주죠. 그 과정의 순간을 유심히 지켜보는 것이 우리의 역할일 거고요.

no. 27

Cercidiphyllum japonicum
Siebold&Zucc.ex J.J.Hoffm.&J.H.Schult.bis

잎에서 * 나는 * 달콤한 * 냄새

계절이 변화할 때마다 식물의 잎도 그 빛깔을 바꿉니다. 봄에는 연한 연두색이었다가 여름이 되면 그 빛깔이 진해져 녹음을 자랑합니다. 잎이 초록색을 띠는 건 엽록소 때문이에요. 여름에는 뜨거운 태양 아래 광합성량이 늘어나 엽록소 양이 많아지면서 잎의 빛깔이 진한 녹색이 되는 거고요. 그러다가 기온이 낮아지고 낮의 길이가 짧아지는 가을로 접어들면서 광합성량이 줄고, 나무가 엽록소 생산을 점점 멈추게 되면서 엽록소에 가려졌던 색소 분자들이 비로소 그 색을 드러내게 됩니다. 빨간색이나 노란색, 주황색을 띠는 분자들, 안토시아닌이나 타닌, 카로티노이드, 크산토필 등으로 인해 잎의 빛깔이 바뀌죠. 그것이 바로 단풍이고요.

그런데 다른 나무들이 단풍이 들기 전, 먼저 낙엽을 떨구는 나무가 있어요. 계수나무인데요. 계수나무가 단풍이 드는 초가을 무렵만 되면 수목원에서 달콤한 냄새가 나곤 했어요. 처음에는 무슨 냄새인지 몰라, 소풍 온 아이들이 솜사탕을 먹나 했었죠. 그러다 수목원의 열대온실 입구 근처에 있던 계수나무를 지날 때면 그 달콤한 냄새가 더욱 강하게 난다는 걸 발견했어요. 달고나 냄새 같기도 하고 솜사탕이나 캐러멜 냄새 같기도 한 달콤한 향이 계수나무에서 나고 있었어요. 그걸 알고서는 매해 그맘때가 되면 그림을 그리다가 계수나무 쪽으로 가서 향을 맡으며 잠시 쉬곤 했죠. 그렇게 계수나무 냄새는 제가 가장 좋아하는 자연의 냄새가 되었습니다. 그런데 이상하게 가끔 길에서 만난 계수나무에서는 수목원의 계수나무만큼은 냄새가 진하지 않더라고요. 알고 보니 수목원의 계수나무는 우리나라에 처음 심긴, 우리나라에 있는 모든 계수나무의 어머니와도 같은 나무였어요. 유전적 요인으로 냄새도 가장 강한 게 아닌가 싶어요.

계수나무는 중국과 일본 원산의 식물입니다. 학명의 종소명도 자포니쿰*japonicum*이에요. 1860년대 들어 일본이 미국과의 교류가 늘어나면서 일본 자생식물이 미국에 많이 전해졌는

계수나무

Cercidiphyllum japonicum

Siebold & Zucc. ex J.J.Hoffm. & J.H.Schult.bis

1 수꽃이 달린 가지 *2* 암꽃이 달린 가지 *3* 열매 *4* 씨앗 *5* 겨울눈

데요. 그때 계수나무도 뉴욕에 처음 전해져 그 이후 널리 재배되기 시작했다고 합니다. 우리나라에서는 보통 공원에나 가로수로 계수나무를 많이 심고 있죠. 계수나무에서 달콤한 냄새가 나는 이유를 일본에서 연구했는데요. 계수나무는 앞서 말했듯 다른 식물들보다 조금 이르게 나뭇잎에 단풍이 들고 낙엽이 되어 떨어집니다. 그때 낙엽이 부서지면서 말톨이라는 분자를 방출하는데, 그 향이 꼭 달달한 캐러멜 냄새와 같다고 해요. 실제로 말톨은 설탕을 태울 때 방출되는 분자이기도 합니다. 계수나무의 하트 모양의 잎 모양과도 잘 어울리는 냄새예요. 이 향을 향수로 만들어도 좋을 것 같아요.

계수나무 하면 〈푸른 하늘 은하수〉의 가사인 "계수나무 한 나무 토끼 한 마리"를 떠올리는 분들도 많을 거예요. 우리나라뿐만 아니라 중국과 일본에서도 계수나무와 달을 연관 짓습니다. 중국 설화에는 오강이라는 자가 큰 죄를 짓고 달에 갇혀 '계'라

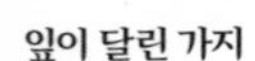
잎이 달린 가지

는 나무를 베는 벌을 받았는데, 그때 옆에서 토끼가 그 모습을 지켜보고 있었다고 해요. 이를 두고 '오강벌계'라고 했죠. 중국 당나라의 유명한 시인 두보가 이 설화를 바탕으로 시를 짓는 등, 설화가 널리 퍼져 이웃인 우리나라와 일본에까지 전해지게 됐지요. 그래서 다들 토끼와 계수나무, 도끼를 함께 엮어 떠올리는 거고요.

A_ 달걀 모양 낙엽
B_ 하트 모양 낙엽

그런데 이 설화에서 '계'라고 불리는 나무가 계수나무인지는 확신하기 어렵습니다. 번역상에서 잘못 옮겨졌을 수도 있거든요. 계수나무가 아닌, 월계수일 수 있다는 의견도 있습니다. 그 밖에 육계나무라는 이야기도 있어요. 육계나무는 우리나라에는 분포하지 않는 나무인데요. 육계나무의 수피가 바로 계피예요. 이렇게 달에 있는 나무가 계수나무인지, 월계수인지, 육계나무인지 의견이 분분한 가운데, 실제로는 '목서'에 가장 가까울 것이라는 의견이 유력합니다. 우리나라에서는 목서라고 부르지만, 중국에서는 '계화나무'라고 부르거든요.

그래도 전설 속 달에 있는 나무가 계수나무라고 가장 널리 알려진 이유는, 계수나무가 은행나무만큼이나 지구상에서 가장 오래 살아온 나무이기 때문일 거예요. 적어도 180만 년 전부터 존재해온, 빙하기에도 살아남은 나무거든요. 그런데 그런 계수나무가 지금 멸종 위기에 처해 있습니다. 종수도 급격히 줄어들고 있고요. 계수나무가 오래도록 우리와 함께해 달콤한 향기를 앞으로도 계속 맡을 수 있으면 좋겠어요.

나 무 * 중 의 * 나 무

단풍이 한창인 가을이면 산을 많이들 찾습니다. 다들 여유를 즐기는 것 같지만 겨울을 준비하는 동물들은 그때가 가장 부지런해야 할 시절이죠. 다람쥐나 청설모는 참나무에 달린 도토리 열매를 모아 이곳저곳 저장해둡니다. 그런데 우리가 '참나무'라고 알고 있는 나무는 엄밀히 말하면 그 이름이 아닙니다. 참나무는 속명, 즉 식물 가족의 명칭이거든요. 흔히 참나무속 식물을 총칭하여 참나무라고 부르는 거고요.

식물의 이름을 부르는 방식에는 여러 가지가 있다고 했었죠. '학명'은 속명과 종소명으로 구성되어 있고 체계적이며 세계적으로 통용되는 명칭입니다. 학명 다음으로 통용되는 명칭은 '영명'입니다. 그리고 우리말 이름인 '국명'도 있죠. 갈참나무, 졸참나무 이런 이름이 국명입니다. 이해하기엔 쉽지만 우리나라에서만 통용된다는 단점이 있죠. 그 밖에 '지방명'도 있습니다. 특정 지방에서 전해 내려오는 이름을 말하는 것인데요. 예컨대 제주도에서 나무를 칭하는 '낭' 같은 이름이 지방명입니다.

참나무는 우리말 이름이에요. 국명에서 '참'이라는 접두사는 '진짜'라는 뜻이니, 참나무는 진짜 나무, 즉 나무 중의 나무라는 거겠죠? 진짜보다 더 진짜같이 생겼다는 뜻이거나, 우리에게 쓸모가 많다는 의미일 수도 있고요. 한편 '개'라는 접두사는 '가짜'라는 뜻을 담고 있는데요. 그렇다고 접두사 '개'가 붙은 식물이 모두 쓸모가 없는 건 아니에요. 개똥쑥 같은 경우는 2015년, 중국의 과학자 투유유 교수가 말라리아 치료제 성분을 찾아내기도 했으니까요. 신기한 점은 쿠에르쿠스*Quercus*라는 라틴어도 '진짜', '참'이라는 뜻이라는 거예요. 서양에서도 참나무를 바라보는 시선이 크게 다르지 않았나 봅니다. 버섯을 연구하시는 분들의 말로는 참나무에서 나는 버섯은 모두 이로운 먹을 수 있는 버섯이라고 하더라고요.

우리나라에서 자생하는 대표적인 참나무속 식물로는 상수리나무, 굴참나무, 갈참나무, 졸참나무, 신갈나무, 떡갈나무

이렇게 여섯 종이 있습니다. 그 밖에 가시나무도 있는데, 가시나무는 우리가 일반적으로 생각하는 낙엽성 참나무가 아니라 상록성 늘푸른나무라서, 보통은 가시나무를 뺀 앞서 말한 여섯 종의 나무를 도토리 형제라고 합니다. 이에 더해 참나무속 식물은 자연 교배가 잘되는 편이라, 떡신졸참나무, 떡갈졸참, 갈졸참 등 다양한 참나무종이 존재하죠. 우리나라에서 자생하지 않지만 외국에서 들여와 도시의 공원에 식재하는 경우도 있는데, 대왕참나무, 버지니아참나무, 미국참나무, 황금떡갈나무 등이 여기에 해당합니다.

참나무속 나무는 소나무와 더불어 우리나라를 대표하는 수종입니다. 전체 산림의 25퍼센트를 차지하고 있어요. 참나무속에 속하는 '도토리 형제' 여섯 종은 언뜻 비슷해 보일지 몰라도, 자세히 들여다보면 각각 큰 차이가 있습니다. 잎 모양은 물론이고 도토리 형태도 달라요. 그중 우리가 가장 쉽게 볼 수 있는 나무는 상수리나무입니다. 낮은 지대에서 잘 자라기 때문이죠. 임진왜란 때 피난을 간 선조의 수라상에 올라간 도토리묵을 '상수'라고 불렀던 데서 상수리나무라는 이름이 유래했다는 이야기가 있어요. 상수리나무의 도토리는 도토리 중에서 가장 크고 두꺼운 편이죠. 그에 비해 갈참나무는 도토리

신갈나무

Quercus mongolica Fisch. ex Ledeb.

신갈나무의 열매와 씨앗

깍정이가 납작하고, 졸참나무와 신갈나무 도토리의 중간 정도 되는 계란 형태입니다. 졸참나무의 열매는 이름만 봐도 추측할 수 있듯 가장 작고 가늘거든요. 떡갈나무는 잎으로 떡을 쌌다는 데서 유래한 이름이에요. 그만큼 잎이 넓은 편입니다. 잎 바깥은 물결 모양의 톱니가 있고, 열매 깍정이의 비늘이 길쭉하고 많습니다. 뒤로 젖혀지기도 하고요. 굴참나무는 열매가 좀 둥글고 떡갈나무 열매와 비슷하게 깍정이에 비늘 조각이 많습니다. 나무의 수피가 두꺼운 코르크질이라서 푹신하기 때문에 집 지붕을 잇는 데 사용하기도 했습니다. 이렇게 지은 집을 굴피집이라고 하죠. 신갈나무는 가장 높은 곳에서 자라는데, 잎자루는 거의 없고 잎이 물결 모양의 곡선입니다. 옛날에는 짚신 바닥이 해지면 신갈나무 잎을 바닥에 깔았대요. 거기에서 신갈나무라는 이름이 유래했다고 하죠.

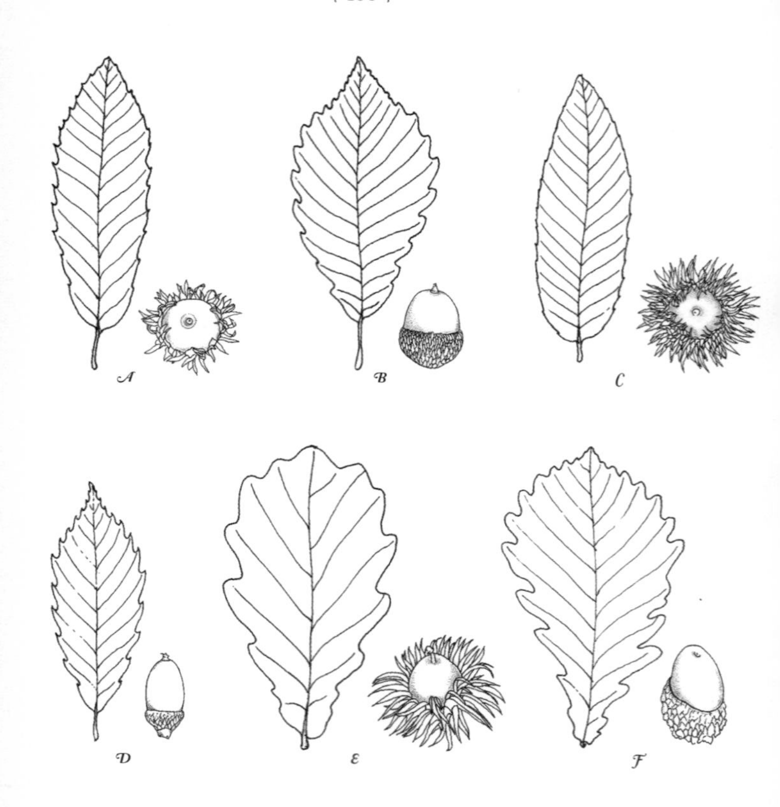

A_ 상수리나무
Quercus acutissima Carruth.

B_ 갈참나무
Quercus aliena Blume

C_ 굴참나무
Quercus variabilis Blume

D_ 졸참나무
Quercus serrata Murray

E_ 떡갈나무
Quercus dentata Thunb.

F_ 신갈나무
Quercus mongolica Fisch. ex Ledeb.

참나무속 식물은 그 이름처럼 정말 우리에게 쓸모가 많습니다. 특히 도토리는 중금속을 제거하는 효과가 있다고 해서 미세먼지가 기승인 요즘 더욱 주목받고 있어요. 뼈를 튼튼하게 하면서 소화도 잘되어 다이어트 식품으로도 사랑받고 있고요. 나무가 단단해 목재로도 많이 쓰입니다. 유럽에서는 오랫동안 건축재나 선박재로 사용해왔죠. 그런데 요즘 가을에 도토리를 자루째 담아 가는 사람들이 많아 문제가 되고 있습니다. 동물들의 양식조차 남겨두지 않기 때문이죠. 사실 산이 사유지가 아닌 이상, 산에서 나는 모든 임산물은 국가 소유입니다. 산에서 채집할 때는 허가를 받지 않으면 불법이란 거죠. 그래서 텔레비전 프로그램에서 임산물을 채취하는 장면이 나오면 "산림청의 허락을 받았다"는 자막이 게시된 걸 본 적 있을 거예요. 그런데 단순히 범법 행위이기 때문에 하지 말아야 한다기보다는, 생태계를 생각하는 마음으로 기본을 지키면 좋겠습니다. 열매를 먹고 살아가는 동물들에게 양보한다는 마음으로요. 종의 보존, 자연 보호를 위한 일은 다른 게 아니라 바로 이런 작은 행동에서 비롯되는 것이니까요.

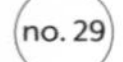

Ginkgo biloba L.

가로수의* 조건

도시에서 우리가 볼 수 있는 나무는 한정적입니다. 공원이나 아파트 정원의 나무, 그 밖에는 길가의 가로수가 전부죠. 급격한 도시화로 도로를 많이 내면서 자연스럽게 길을 따라 가로수를 식재하였는데요. 그렇다고 아무 나무나 가로수로 심는 것은 아닙니다. 가로수가 되려면 여러 조건을 만족시켜야만 하거든요.

가장 중요한 것은 해당 지역의 기후와 풍토에 맞는 수종이어야 한다는 점입니다. 우리나라의 경우 중부 지방은 낙엽활엽수종, 남부 지방과 제주도 쪽은 상록활엽수종이 주로 식재되고 있어요. 또한 대기오염이나 병해충, 가뭄, 폭염 등 온갖 스트레스를 잘 이겨내며 살 수 있는 수종이어야 합니다. 나무의 외양도 중요하여 키가 크고 수형이 아름다우며, 잎의 크기가 크고 겨울에는 해를 가리지 않는 나무가 좋습니다. 최근 우리나라에서는 느티나무, 벚나무, 이팝나무, 메타세쿼이아, 단풍나무 등을 많이 심고 있어요. 벚나무는 병해충이 있는 데다 열매인 버찌가 떨어지면서 도로를 더럽히지만 사람들이 꽃을 워낙 좋아하다 보니 많이 심고 있습니다. 그중에서도 왕벚나무를 가로수로 많이 식재하고 있죠.

가로수 중에 가을에 가장 존재감을 드러내는 나무가 바로 은행나무예요. 은행나무는 지구상에서 가장 오래된 나무인데요. 공룡이 살던 3억 년 전부터 살았던 식물이라 살아 있는 화석으로 불려요. 그래서 보통 지구에서 가장 오래 살고 있는 식물 순으로 수록되는 식물도감의 첫 페이지를 은행나무가 장식하는 경우가 많고요. 오래됐을 뿐 아니라 오래 살기도 해서 천년목으로 불립니다. 노거수 중에 천연기념물로 지정되어 있는 은행나무도 있는데요. 그중에 양평 용문사의 은행나무가 가장 유명합니다. 높이가 42미터, 둘레는 14미터나 되지요. 1100년 정도 살았다고 추정됩니다.

은행나무는 1과 1속 1종입니다. 은행나무과 식물은 지구상에 딱 한 종밖에 없는 거죠. 식물에 별 관심이 없는 사람이라도 은행나무는 바로 식별할 수 있는 건 그 때문이에요. 유사 종이 없기 때문에 헷갈릴 일이 없는 거죠. 하지만 그만큼 보호해야 할 나무이기도 하고요. 2018년, 영국의 큐왕립식물원 *Royal Botanic Gardens, Kew*에서는 그곳에 식재된 나무 중 오래되고 중요한 개체를 '헤리티지 트리 컬렉션'으로 지정해 그림과 함께 기록으로 남기고 전시했는데, 그중에 은행나무도 포함되었습니다. 이 프로젝트에서 흥미로웠던 부분은 은행나무 중에서도 딱 한 개체를 선별해 집약적으로 기록했다는 것입니다. 이후 그 나무의 이름표에는 그때 그린 식물세밀화가 함께 표기되어 있답니다. 은행나무가 단풍이 든 모습, 열매를 맺는 모습까지 세세하게 그려져 있죠. 이런 기록 방식을 우리나라의 식물원과 수목원에서 적용해봐도 좋을 것 같아요.

다른 나라에서는 이렇게 중요한 대우를 받고 있지만, 도시 가로수로 심긴 우리나라의 은행나무들은 지금 힘든 상황을 겪고 있습니다. 안 그래도 가로수는 간판을 가린다거나 낙엽이 지저분하다는 등의 이유로 홀대 받곤 하는데, 특히 은행나무는 열매가 떨어질 때 악취가 너무 심하다는 이유로 큰 미움을 받고 있거든요. 가로수의 조건으로 냄새가 나지 않는 수종이어야 한다는 조건이 추가됐을 정도예요. 가을이면 은행 악

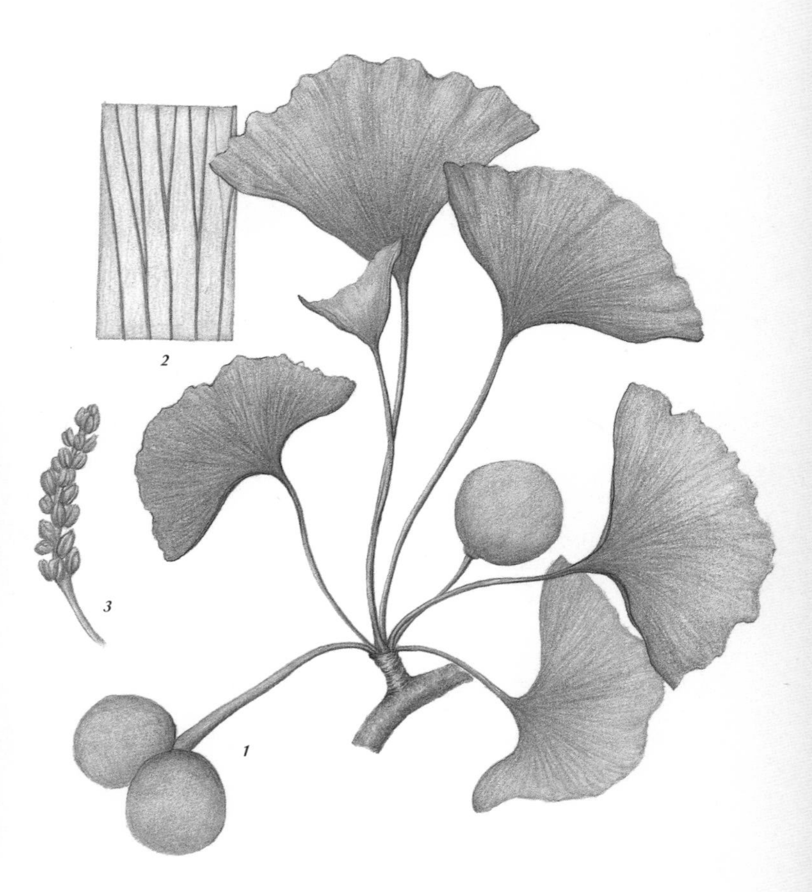

은행나무

Ginkgo biloba L.

1 열매가 달린 가지 *2* 잎맥 *3* 수꽃

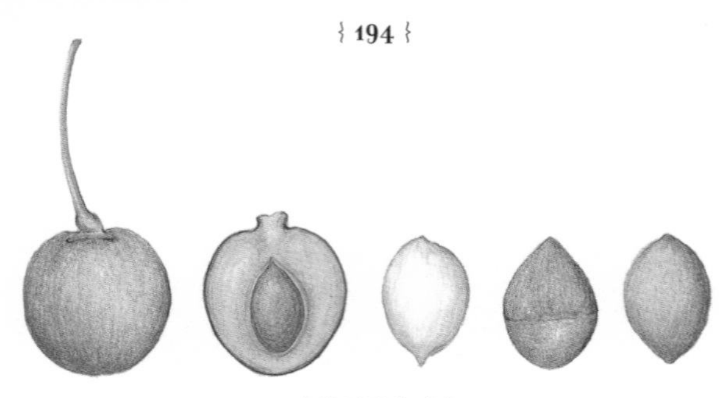

은행 열매와 씨앗

취와 관련한 민원이 너무 많이 발생하는 나머지, 이를 차단하기 위해 열매가 떨어지기 한두 달 전부터 은행 수거 작업을 하기도 합니다. 은행의 지독한 냄새는 빌로볼과 은행산이라는 성분 때문인데요. 이는 옻에도 있는 독성 성분으로, 동물이나 곤충으로부터 씨앗을 지키기 위한 은행나무의 생존 방법인 것입니다. 그런데 사람들은 단지 냄새가 난다는 이유로 아직 열매가 완전히 익기도 전에, 나무에 올라가 가지를 흔들거나 봉으로 쳐서 어린 열매를 떨어뜨리죠. 아니면 아예 열매를 맺지 못하게 암그루와 수그루를 구분해서 수그루로만 심기도 하고요. 은행나무는 암수딴그루이기 때문에 암그루에만 열매가 달리거든요.

식물이 열매를 맺고 씨앗이 번식하는 것은 너무나도 자

연스러운 과정인데, 과연 우리에게 그것을 인위적으로 차단할 권리가 있는 걸까요. 한쪽에서는 은행나무를 자연유산으로 삼고 보존을 위해 DNA를 채취하는 등 후계나무 육성사업을 벌이고 있는데, 또 다른 한편에선 그 나무가 스스로 번식하는 것조차 막고 있는 것입니다. 도시의 식물들은 대부분 인간의 요구에 의해 증식되어 식재됩니다. 저는 그런 만큼 우리가 이들에 대한 책임감 또한 갖고 있어야 한다고 생각해요. 한자리에서 뿌리내리고 있는 나무이지만 이들을 살아 있는 생물로 여기고 바라본다면, 번식 방법의 하나인 열매에서 나는 악취나 낙엽도 너그러이 받아들일 수 있지 않을까요. 그들에겐 그게 자연스런 삶의 과정이니까요.

no. 30 *Allium sativum* L.

부추 * 가족을 * 소개합니다

단풍이 지고 낙엽이 떨어질 때쯤, 동네 마트에서는 배추나 무, 마늘을 산더미처럼 쌓아놓고 특별 판매를 시작합니다. 김장철이 된 거죠. 부모님이 김장하시는 걸 도울 때마다 느끼는 것인데요. 배추에 속을 넣고 버무리는 과정보다 배추를 씻고 절이고 자르고, 양념장을 만들기 위해 마늘을 까고 무채를 써는 등 재료를 준비하는 과정이 훨씬 손이 많이 가고 품이 드는 일 같아요. 그런 생각을 하다 보면 더 나아가서, 채소를 재배하는 마음에 대해 생각합니다. 채소를 수확하기 위해 누군가 초봄이면 겨우내 잠자던 땅을 깨우고, 씨앗을 뿌리거나 모종을 심고, 일 년 내내 날씨를 걱정하며 초조한 마음으로 재배를 하고 비로소 수확을 해 우리 손에 쥐여지니까요.

백합목 백합과 부추속

울릉산마늘

Allium ochotense Prokh.

산달래

Allium macrostemon Bunge

그래서 이번에는 우리나라에서 가장 대표적인 채소 중 하나인 마늘에 대해 살펴볼까 합니다. 우선 채소와 야채라는 용어부터 짚고 넘어가 볼까요. '야채'가 일본식 한자어에서 온 말이라며 사용을 지양하는 것이 좋을지 물어오는 분들도 계신데요. 정확하게 살펴보면 국립국어원에서는 야채가 일본식 한자어라는 견해가 있긴 하지만 이를 확인할 명확한 근거는 없다고 말합니다. 한편 원예학계에서는 모두 '채소'로 통일하여 사용하고 있습니다. 그래서 야채라는 용어는 전혀 쓰지 않고 채소원예학, 채소분과 이런 식으로 불러요. 일본식 한자어 연원을 떠나, '야채'라는 한자어의 '야(野)'가 산과 들을 의미하기 때문에 야채는 산에 사는 채소, 즉 산나물을 의미한다는 거죠. 그런데 조선시대에나 산에서 나물을 캐 먹었지, 요즘은 모두 재배한 식물을 식용하는 것이므로 '야채'보다는 '채소'가 적확한 용어라는 거예요.

또한 저의 채소원예 지도 교수님의 말씀으로는 동북아시아에서 우리나라는 채소, 중국은 소채, 일본은 야채, 북한은 남새라고 부른대요. 그런데 만약 우리나라에서 수출하는 채소를 '야채'라고 표기한다면 일본산으로 둔갑될 위험이 있다고 해요. 우리나라 원예산업 발전을 위해서는 좀 더 정확한 용어

인 채소로 통일하여 사용하는 것이 좋다는 거죠. 그래서 저도 그 이야기를 듣고 나서는 늘 '채소'라고 부르고 있답니다.

마늘은 우리나라 4대 채소 중 하나입니다. 고추, 배추, 무, 마늘 이렇게가 4대 채소예요. 마늘은 식용뿐만 아니라 향으로도 즐기는 우리나라 전통 허브식물이기도 하고요. 또한 웅녀가 곰일 때 마늘과 쑥을 먹고 사람이 되었다는 단군신화 속에서도 등장합니다. 그런데 얼마 전 웅녀가 먹은 것이 마늘이 아닌 '무릇'이었다는 논문이 발표되었어요. 예부터 자생한 쑥과 달리 마늘은 우리나라에 뒤늦게 수입된 식물이라는 거죠. 마늘 대신 먹었다고 보는 무릇은 보라색꽃을 피우는 우리나라 자생식물로 마늘과 마찬가지로 매운맛이 납니다.

마늘***Allium Sativum* L.**의 속명은 '알리움***Allium***', 우리말로 '부추속'입니다. 알리움이라고 하면 아마 플로리스트나 조경가 분들은 머리를 갸우뚱할지도 모르겠어요. 보라색의 동그란 모양의 꽃을 피우는 그 알리움과 같은 건가 하고요. 놀랍게도 여러분이 떠올린 그 알리움이 맞습니다. 알리움 가족으로는 마늘뿐만 아니라 파, 대파, 쪽파, 양파, 부추 등도 있답니다. 우리나라에 자생하는 알리움속 식물은 약 22종입니다. 산마늘, 울릉산마늘, 두메부추, 산파, 산부추가 속하죠. 자세히 살펴보면 생김새도 비슷하고요, 모두 뿌리가 비대한 구근식물이에요. 다만 마늘이나 양파는 식물의 뿌리, 파는 식물의 잎과 뿌리를 이용하는 거죠. 알리움속 중에서 알리움 기간테움*Allium giganteum*은 꽃이 화려하고 아름다워 관상용 화훼식물로 이용됩니다. 알리움속 식물은 공통적으로 비대한 뿌리에서 꽃대가 올라와 흰색 혹은 보라색 꽃을 피웁니다.

우리나라만큼 마늘을 많이 찾는 곳이 없을 것 같은데, 사실 세계에서 마늘을 가장 많이 재배하는 나라는 중국입니다. 중국이 마늘의 전 세계 생산량 80퍼센트 이상을 차지하고 있고요, 그다음이 3퍼센트를 차지하는 인도, 1퍼센트를 차지하는 우리나라입니다. 그래서 세계에서 섭취하는 마늘 거의 대부분은 중국에서 재배하고 있다고 생각하면 돼요. 물론 우리나라가 인구 대비 마늘 소비량이 가장 높습니다. 품종도 지역에 따라 나뉘어 달리 재배되고 있고, 그 기간도 워낙 오래되어 연구도 잘되어 있습니다. 추운 지방에서 재배되는 품종, 따뜻한 지방에서 재배되는 품종으로 크게 두 가지로 나눠볼 수 있는데요. 각각 한지형, 난지형이라고 부릅니다. 즉, 서산, 의성, 단양 등 중북부 지방에서 재배되는 품종이 한지형, 제주도, 해남, 남도 등지에서 재배되는 품종이 난지형입니다. 난지형 마늘은 대체로 외국에서 도입된 품종입니다. 남도 마늘은 중국, 대서 마늘은 스페인, 자봉 마늘은 인도네시아에서 들여왔다니 갑자기 달리 보이죠? '육 쪽 마늘'이라고 해서 시장에서 인기가 많은 인편이 여섯 개로 갈라지는 마늘이 한지형입니다. 난지형은 인편의 개수가 아홉 개 이상이에요.

특정 품종이 더 좋다 나쁘다가 아니라, 각각의 장단점과 특징이 있는데요. 예컨대 제주산 마늘은 매운맛이 육지산보다 덜해서 잎마늘, 풋마늘 형태로 많이 소비되고, 해남산은 장기 저장은 어려워 깐마늘 형태로 소비됩니다. 남해산은 다른 지역의 품종에 비해 짜임새가 단단해 저장성이 높고요. 의성, 단양에서 생산되는 마늘은 재배 역사도 오래되었고 비옥한 토양으로 인해 형태가 일정하고 저장력도 뛰어나 다음 해 마늘이 출하될 때까지 저장해도 무리가 없다고 해요. 매운맛도 강하고요. 삼척산 마늘은 중량이 높아 식용으로도, 씨앗용으로도 인기가 높죠. 결국 어떤 종이 좋은지 따지기보다는 상황이나 용도에 맞게 우리가 선택하면 될 것 같아요.

하지만 아쉽게도 사람들이 이렇게 마늘을 많이 찾고 있는 상황에서도 우리나라 고유 품종이 아닌, 외래 품종에 소비량의 많은 부분을 기대고 있는 형편입니다. 그래서 무엇보다 각

지역의 재래 품종을 꾸준히 재배하고 연구하는 게 중요한 것 같아요. 마늘은 우리에게 꼭 필요한 채소니까요. 이젠 식물의 원산지나 육성자가 더욱 중요해지는 시대이기에, 이를 위해 특히 주요 채소들에 관한 꾸준한 연구가 필요할 뿐 아니라, 소비자 또한 다양한 품종에 관심을 갖고 소비해야 할 거예요.

no. 31 *Malus pumila* Mill.

매일 * 먹는 * 과일을 * 기록하는 * 이유

추석 무렵엔 사과나 배, 감, 대추 등 햇과일이 풍성합니다. 우리나라의 대표 과일이라면 바로 사과겠죠. 사과는 사과나무의 열매로, 사과나무는 사과나무속에 속합니다. 이 가족에는 사과나무 말고도 아그배나무, 야광나무, 능금나무 등이 있고요. 우리나라 자생이 아니라, 원산지는 중앙아시아입니다. 지금도 카자흐스탄의 알마티 근처 사과 숲에는 야생의 원종 사과나무가 자라고 있어요.

구한말 개화기, 서양 선교사와 일본 농업 이민자들에 의해 우리나라에서 본격적으로 사과 재배가 시작되었습니다. 이제는 우리나라에서 가장 생산량이 많은 과일이 되었고요. 농촌진흥청에서 연구하는 주요 과수 작물이기 때문에, 사과 연

장미목 장미과 사과나무속

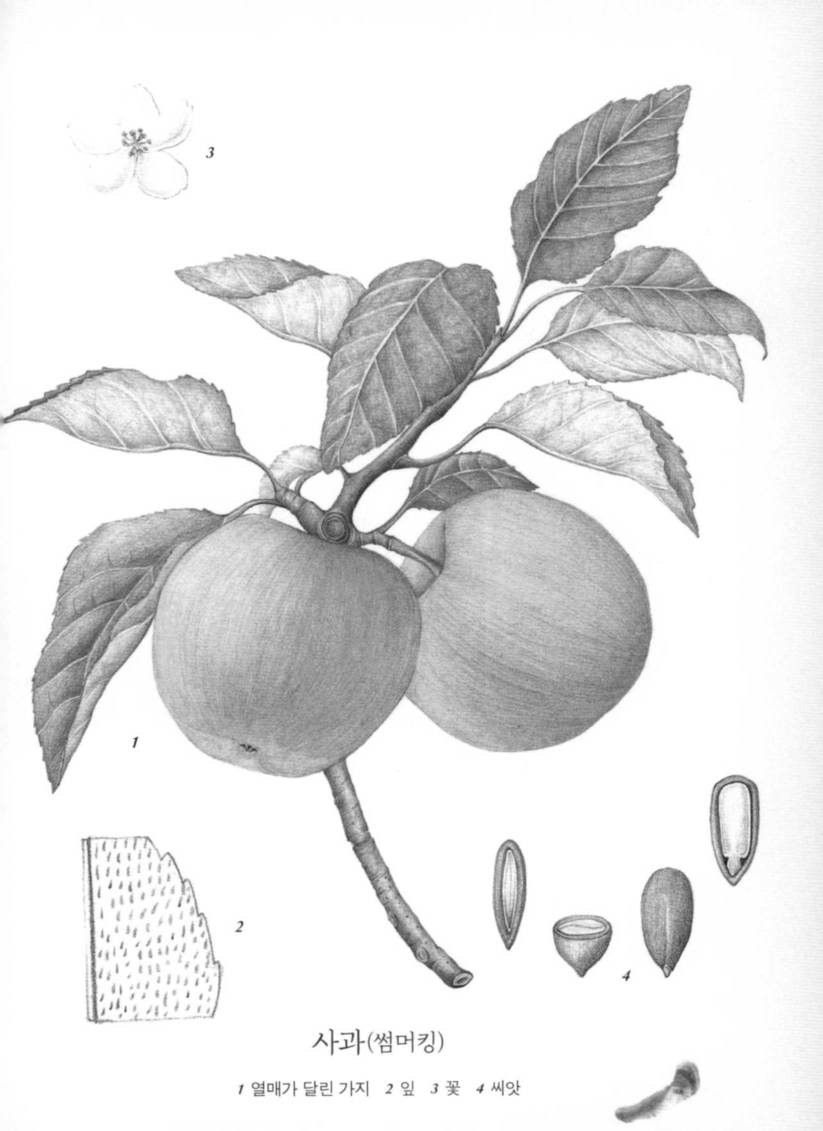

사과(썸머킹)

1 열매가 달린 가지 *2* 잎 *3* 꽃 *4* 씨앗

구소도 따로 있습니다. 후지, 츠가루, 홍옥 등 사람들에게 익숙한 품종이 주로 일본 품종이라서 연구소를 설립해 우리나라 자체 품종을 육성하려는 거예요.

작년 여름, 저는 농촌진흥청에서 육성한 신품종 '썸머킹'의 세밀화를 그렸습니다. 썸머킹은 사람들에게 흔히 '아오리'로 알려진 일본의 츠가루 품종을 대체하기 위해 육성한 사과예요. 8월에 먹을 수 있는 조생종으로, 츠가루보다 떫은맛이 덜하고 당도가 높아서 한 번 먹어본 사람들은 아오리보다는 썸머킹을 찾게 된다고요. 제가 그린 세밀화는 농촌진흥청에서 발간하는 잡지의 그달의 표지로 실렸는데, 그걸 보시고 많은 분들이 썸머킹 품종을 알아보셨다고 해요. '품종 식별'이라는 식물세밀화의 역할 중 하나를 다시금 확인할 수 있었습니다. 자생식물의 경우 신종을 발견하면 그것의 해부도를 그려서 발표하는데요. 육성한 신품종 또한 형태 분류를 위해 그 특징을 해부도로 그려 정확한 시각 이미지로 남겨야 합니다.

과일이나 채소의 새로운 품종을 식물세밀화로 남기는 게 중요한 이유는 소비자들이 이를 보고 무엇인지 식별할 수 있기 때문이에요. 사과에도 품종별로 각각의 특징이 있잖아요. 어떤 품종은 과질이 아삭해서 생과가 어울리고, 또 어떤 품종은 당도 때문에 음료로 만들기 좋다는 식으로요. 이렇게 다양한 소비를 할 수 있도록 식물세밀화가 도움을 줄 수 있는 거죠. 원예산업에서 재배자는 소비자의 선택을 따르게 되어 있는데, 소비자가 다양한 품종의 존재를 모른 채 한 품종만 소비한다면 자연스레 과수원에서도 그 품종만 재배하게 마련입니다. 이를 '단종 재배'라고 부르는데요. 원예품종은 보통 유전적으로 약한데, 모든 농장이 잘 팔리는 제한된 품종에만 의존하면 질병이나 해충이 유행할 경우 자칫 멸종해버릴 수 있습니다. 그래서 품종의 다양화가 유지되는 일이 매우 중요한데요. 결국 우리의 소비 패턴이 매우 중요한 거죠. 그 다양한 소비 패턴을 만들어주는 데 식물세밀화가 역할을 할 수 있는 거고요.

식물문화가 발전한 유럽에서는 식물세밀화로 품종을 기록하는 일의 중요성을 일찍부터 인식하고 있었습니다. 영국의 경우 영국왕립원예협회*RHS; Royal Horticulture Society*에서 1805년부터 사과 품종을 본격적으로 연구하면서 세밀화 기록을 남겼습니다. 1815년부터 1823년까지는 윌리엄 후커*Willam Hooker*를 중심으로 식물세밀화가를 고용하여 수백 종의 사과 품종을 그리는 프로젝트를 진행했죠. 최근에는 그중 200점이 '헤리티지 애플스'란 제목으로 전시되기도 했습니다. 세밀화에는 사과 그림뿐

만 아니라 사과의 매개자인 새, 벌, 나비, 고슴도치, 오소리 등의 동물도 함께 그려져 있어 과수 연구와 더불어 병해충 연구에서도 중요한 자료가 되고 있습니다. 그런데 그 그림 속 품종 중 대부분은 더 이상 우리가 먹을 수도 볼 수도 없는, 존재하지 않는 품종이에요. 세밀화로만 남아 있죠.

원예식물이 생기고 사라지는 일은 자연스러운 일입니다. 다만 요즘 들어 그 간격이 너무 짧아지고 있다는 것이 걱정스런 부분입니다. 병해충 질병 때문만이 아니라 기후 변화로 인해 우리나라의 사과 재배 면적이 점점 줄어들고 있거든요. 2050년에는 우리나라 일부 산간 지역에서만 재배 가능할 거라는 예상도 있습니다. 또한 당도 높은 열대과일을 접한 사람들이 많아지면서 사과나 배, 감 같은 전통 과일 소비는 줄어들고 있다는 것도 문제죠. 찾는 사람이 줄면 당연히 품종 개발도 더뎌질 테니까요.

과수원은 단순히 과수를 재배하는 곳이 아니라, 삼림, 초원, 목초지의 역할을 하며 식물이나 곤충, 동물의 서식지이기도 합니다. 곤충이 과일의 수분 매개자가 되기도 하고, 그 열매는 동물의 먹이가 되어 생태계가 유지되는 것이니까요. 우리가 매일 먹는 사과의 존재를 기록하고, 품종을 식별하여 소비하는 것. 이것은 식물들을 숲에서 도시로 가져와 이용하는 우리의 책임과 의무이기도 합니다.

no. 32 *Vitis vinifera* L.

과 일 의 * 진 화

작년부터 새롭게 인기를 끌고 있는 과일이 있습니다. 바로 샤인머스켓이라는 포도예요. 고급 품종이라 한 송이에 만 원 이상 하는데도 없어서 못 판다고 할 정도로 사람들이 많이 찾는다고요. 청포도 품종으로, 이름만 들어서는 서양에서 육성된 것 같지만 일본에서 육성한 신품종이에요. 샤인머스켓이 인기 있는 가장 큰 이유는 포도알에 씨도 없고 껍질째 먹을 수 있어 먹기 편하다는 것입니다. 1인 가구가 늘면서 조금씩 나눠 먹을 수 있고, 먹기 편하며, 뒤처리할 쓰레기도 많이 남지 않는 과일을 사람들이 선호하기 시작했거든요.

제가 그린 '홍주씨들리스'라는 포도도 샤인머스켓처럼 씨앗이 없고 껍질째 먹을 수 있어요. 농촌진흥청에서 육성한 신

갈매나무목 포도과 포도속

포도(홍주씨들리스)

1 열매가 달린 가지　*2* 열매　*3* 씨앗

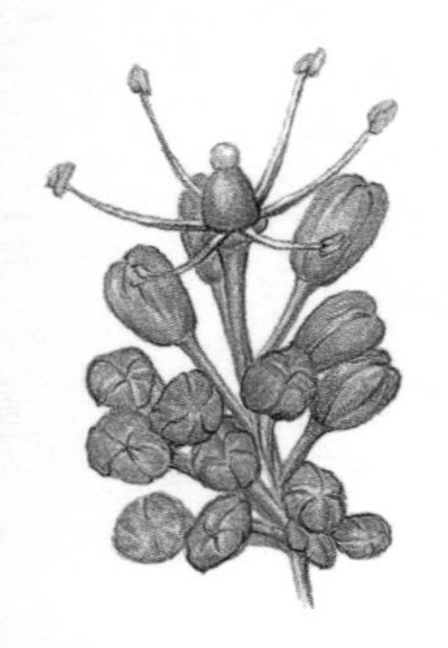
포도의 꽃

품종으로, 붉은빛이 많이 도는 포도입니다. 이 품종을 육성한 분이 세밀화를 그릴 때 꼭 꽃도 함께 그려달라고 부탁하셨던 게 기억이 나요. 흔히 포도는 열매로만 먹다 보니 꽃은 떠올리지 못할 때가 많은데요. 포도나무가 잔잔하게 피운 흰 꽃도 무척 아름다워요. 우리는 과일나무에서 열매만 먹지만, 동남아시아 지역에서는 바나나도 열매만 먹는 것이 아니라, 꽃을 따서 음식에 넣어 먹기도 해요.

원래 캠벨 얼리, 거봉, MBA 품종, 델라웨어 등 네 품종이 우리나라에서 재배하는 포도의 90퍼센트를 차지하고 있었는데요. 이제는 샤인머스켓 등의 신품종이 인기를 끌자 농가에서 점점 다양한 품종을 재배하고 있어요. 좋은 흐름이죠. 우리나라에서 포도가 재배되기 시작한 건 1300년대에 들어서부터라고 알려집니다. 1375년 이후에 발간된 농사 관련 고서에는 모두 포도가 등장하고 있거든요. 그 당시 재배된 품종은 중국을 통해 들어온 유럽 품종 포도였을 거라 추측되고요. 실제 우리가 현재 먹는 품종도 모두 유럽산 포도를 원종으로 하고 있습니다. 우리가 가장 쉽게 구할 수 있는 까만 포도, 캠벨 얼리는 1908년에 우리나라에 처음 들어왔다고 해요.

그런데 사실 포도 원종은 아시아에 많이 분포합니다. 포도나무속에는 60종 정도가 있는데, 대부분 온대와 아열대 지역에 분포하고 있습니다. 그중 비티스 비니페라*Vitis vinifera* L.라는 유럽 원산의 종이 과실로 먹기에 가장 알맞다는 판단에 이 품종을 상업적으로 많이 재배하고 있는 거예요. 이렇게 재배한 포도 대부분을 생과로 먹는다고 생각하기 쉽지만, 실제 포도 생산량의 3/4이 와인 제조용으로 쓰인다고 합니다. 와인의 역사가 곧 포도의 역사라고 말할 수 있을 정도예요.

그러니 포도 재배 산업이 가장 많이 발달한 나라가 프랑스인 건 어떻게 보면 당연한 일입니다. 프랑스에서 과일 가게에 들른 적이 있었는데, 무엇보다 포도 품종이 정말 다양해 깜짝 놀랐어요. 종류도 검정 포도, 붉은 포도, 녹색 포도 등으로 다양하게 갖추고 있었죠. 참고로 포도는 검은색, 빨간색이나 보라색, 노란색이나 녹색 등 과일의 색에 따라 나뉘기도 하고, 용도에 따라서 생과용, 디저트용, 와인용, 건포도 등으로 나뉩니다. 디저트용은 신맛이 적고 과실이 큰 것이 좋고, 건포도로 만들기엔 과육이 단단하고 산도는 낮으며 당도는 높은 것이 좋아

요. 와인용으로는 수천 종이 넘는 품종이 있습니다. 커피나 와인 등 맛에 예민하게 반응하는 소비층을 둔 과일은 그 수요 때문에 품종이 다양할 수밖에 없죠. 프랑스의 원예 상점에서도 포도 묘목을 쉽게 찾을 수 있어요. 품종도 다양해 어떤 열매가 맺히고 언제 수확할 수 있는지, 어떤 맛인지 등의 정보가 라벨에 자세히 적혀 있곤 하죠. 그만큼 소비자들이 포도의 다양한 품종을 식별하여 소비한다는 걸 거예요.

이처럼 프랑스는 포도 재배 산업이 발달한 만큼, 그와 관련한 기록물도 풍부했습니다. 전 특히 포도 식물세밀화 자료에 집중해 살펴보았는데요. 1700년대 후반부터 1800년대 초반까지 활동한 유명한 식물세밀화가인 피에르 조셉 르두테 *Pierre-Joseph Redouté*도 포도 세밀화를 많이 남겼어요. 식물세밀화가 중에서도 워낙 대중적으로 알려진 사람이라, 제가 프랑스에서 만난 사람들에게 식물세밀화를 그린다고 하면 "아하 르두테와 같은 일을 하는군요!" 하며 알은체를 해오는 경우가 많았어요. 그의 작품 중에는 프랑스의 국화이기도 한 장미 컬렉션이 특히 유명한데, 그와 함께 남긴 포도 컬렉션도 정말 뛰어나죠. 그런데 그가 기록한 포도 그림들을 보면 더는 존재하지 않는 품종이 대부분입니다. 원예식물은 시간이 흐르면서 사람이

더는 찾지 않는다거나 유전적으로 약해 병해충을 입으면 사라질 수밖에 없거든요. 실제로 1800년대 중반, 북미 지역에서 와인의 주재료로 이용하던 포도 품종이 병해충을 입는 바람에 와인 산업이 끝장날 뻔한 적도 있었다고 해요. 다행히 다른 품종을 육성해 문제를 해결할 수는 있었지만요. 지금 눈앞에 존재하는 식물을 내년에도 볼 수 있을 거라는 사실이 더는 당연하지 않게 여겨질 때, 식물을 바라보는 시선이 조금은 바뀔지도 모르겠습니다.

no. 33 *Juniperus chinensis* L.

바 늘 잎 일 까, * 비 늘 잎 일 까

겨울에는 식물의 꽃도 지고 잎도 다 떨어진 채로 앙상한 나뭇가지만 드러나 있지만, 사실 겨울에도 관찰할 수 있는 것들이 많습니다. 아직 가지에는 붉은 열매들이 많이 열려 있기도 하고요. 오히려 나뭇잎이 없다 보니 다른 계절에는 볼 수 없던 나무의 온전한 형태도 마주할 수 있지요. 그리고 1년 내내 푸른 늘푸른나무('상록수'의 우리말)도 있잖아요. 우리나라에는 이런 바늘잎나무가 산림의 반 정도를 이루고 있어, 주변에서도 쉽게 찾아볼 수 있어요. 겨울에는 바늘잎나무의 잎이나 솔방울 같은 열매를 관찰해보는 것도 좋을 거예요.

바늘잎나무는 겨울에도 잎을 틔우기 위해 지금과 같은 모습으로 진화했습니다. 사람들도 겨울에는 추위에 닿는 표면

측백나무목 측백나무과 향나무속

적을 최대한 줄이기 위해 몸을 웅크리잖아요. 식물도 마찬가지입니다. 바늘잎나무도 추위에 노출된 잎의 표면적을 최대한 줄이다가 결국 바늘잎으로 진화한 거예요. 우리나라에는 원래 잣나무, 전나무, 향나무, 측백나무 등 바늘잎나무가 산림의 절반을 차지했는데, 기후변화와 산불, 벌목 등으로 이제는 40퍼센트로 줄어든 상황입니다. 저는 2009년부터 2012년까지 우리나라에 있는 바늘잎나무 종 대부분을 그렸는데요. 그리던 당시에는 바늘잎나무의 구조가 복잡해 그려야 할 요소도 많고, 나무의 키가 크다 보니 채집할 때도 쉽지 않아 힘들었어요. 아름다운 꽃이 피는 것도 아니고요. 그렇지만 급속도로 개체 수가 줄어들고 있는 요즘의 상황을 생각해보면, 그간의 작업 중에 가장 뿌듯한 일이 아닌가 싶습니다.

향나무는 소나무, 느티나무, 은행나무와 더불어 우리나라에서 오랫동안 사람들과 함께해온 나무 중에 하나예요. 이름대로 나무에서 독특한 냄새가 나서 향을 피우는 데 많이 쓰였죠. 가지나 잎뿐만 아니라 수액에서도 냄새가 나요. 옛날에는 향나무 가지를 꺾어다 향을 피웠기 때문에, 제사를 많이 지내는 절이나 궁궐 같은 곳에는 꼭 심었죠. 그리고 나무가 무덤을 지켜준다는 속설이 있어 묘지 근처에도 많이 심었고요. 또

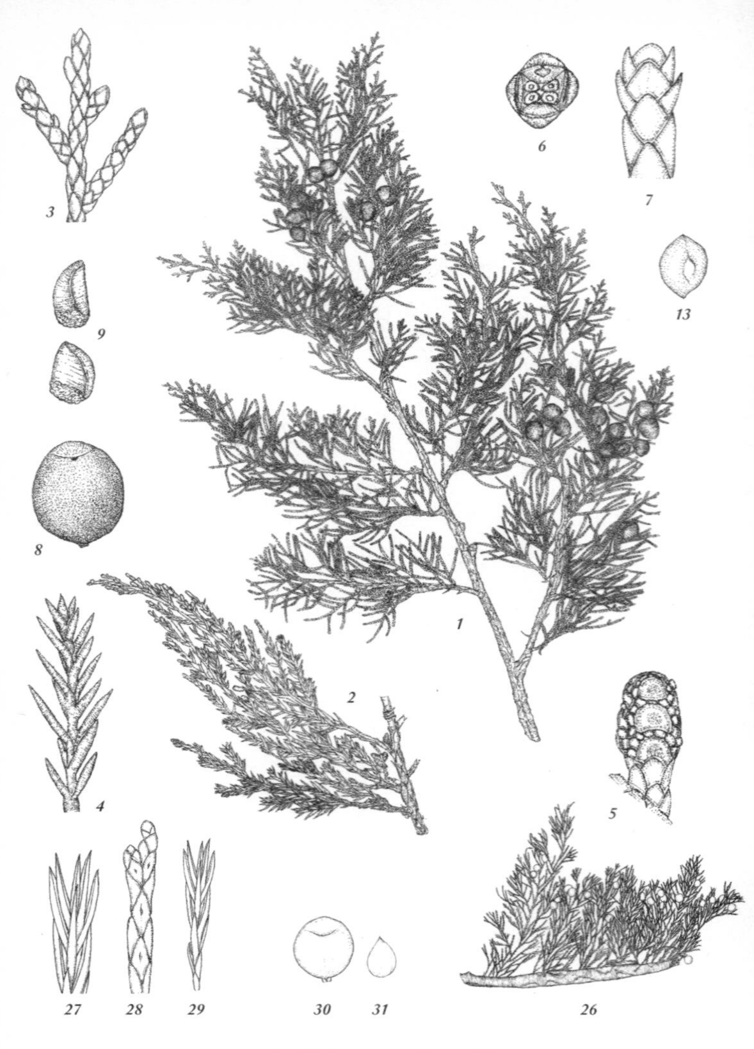

1~9 향나무*Juniperus chinensis* L.
10~13 눈향나무*J. Chinensis* var. *sargentii* A. Henry

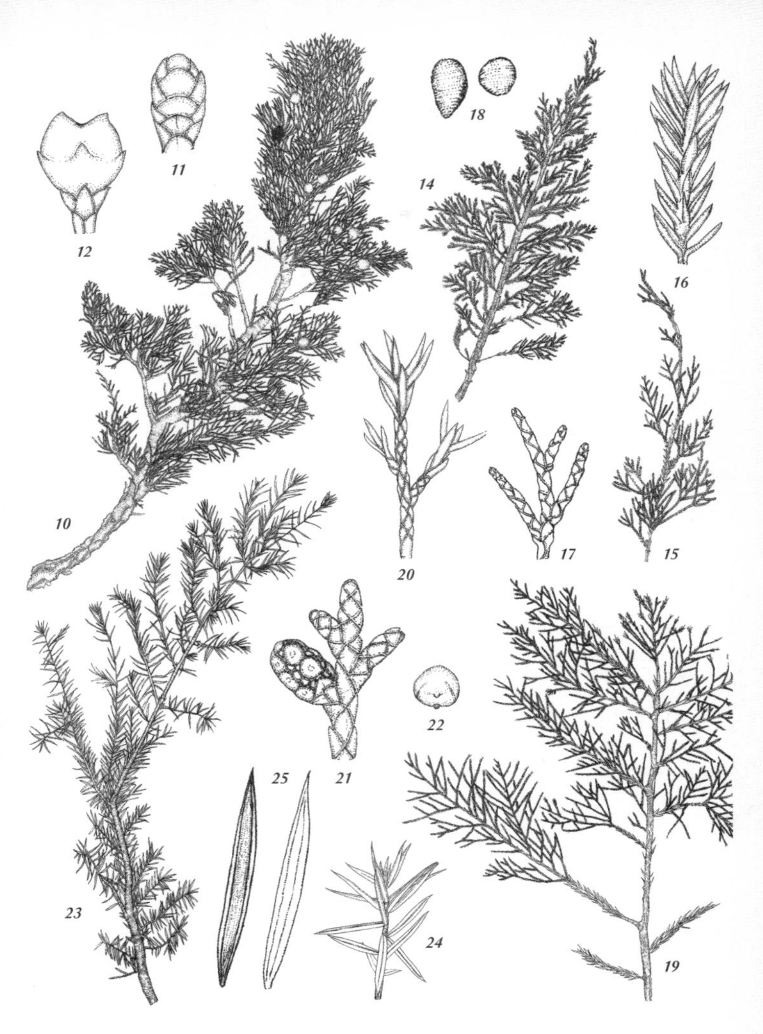

14~18 섬향나무*J. Chinensis* var. *procumbens* Siebold ex Endl.
19~22 연필향나무*J. virginiana* L. *23~25* 곱향나무*J. Communis* var. *Saxatilis* Pall.
26~31 단천향나무 *J. davurica* Pall.

물을 맑게 한다는 말도 있어, 우물이나 개울 근처에도 많이 심었어요. 그러다 보니 오래된 향나무가 우리나라 곳곳에 많은데요. 특히 중남부 지역과 울릉도에 많습니다.

향나무*Juniperus chinensis* L.의 종소명인 '차이넨시스*chinensis*'에서 알 수 있듯, 향나무는 중국에서 처음 발견되었습니다. 'L.'은 명명자인 린네를 이르죠. 1767년, 스웨덴의 식물학자 칼 린네*Carl Linné*가 중국에서 처음 발견하여 명명하고 발표한 식물입니다. 중국 외에도 우리나라, 일본, 몽골 등지에 분포하고 있어요.

향나무의 가장 큰 특징은 한 개체에서 두 종류의 잎이 난다는 것입니다. 개체마다 어떤 나무에서는 이런 모양의 잎이 나고 또 다른 나무에서는 저런 모양의 잎이 나는 게 아니라, 한 개체의 한 가지에서 두 종류의 서로 다른 형태의 잎이 나요. 하나는 뾰족한 가시 모양의 바늘잎, 그리고 다른 하나는 측백나무처럼 기다란 비늘잎입니다. 그래서 어떤 식물도감을 찾아봐도 향나무는 잎 사진이 두 가지가 실려 있습니다. 다음에 향나무를 만난다면, 그 나무에서 두 가지 종류의 잎을 모두 찾아보세요.

향나무는 그 종류도 여러 가지입니다. 우리나라에만 해

도 향나무, 곱향나무, 섬향나무, 눈향나무, 단천향나무, 연필향나무 등의 종이 있어요. 눈향나무는 이름 그대로 누운 모양의 향나무입니다. 땅을 덮으며 낮게 옆으로 비스듬히 누워 있죠. 최근 국립산림과학원에서 우리나라 자생식물의 미세먼지 제거 효과를 연구했는데요. 눈향나무가 5순위 안에 포함되었어요. 그 밖에는 소나무, 잣나무, 곰솔, 주목 등이 있었고요. 이렇듯 눈향나무는 공기정화 기능도 하고, 땅을 덮는 용도의 조경수로 이용하기에도 좋아 앞으로 더 큰 관심을 받게 될 거 같아요.

섬향나무는 해안 섬 쪽에 주로 분포한다고 해서 이런 이름이 붙었습니다. 1847년, 섬향나무를 처음 발견한 식물학자 지볼트*Philipp Franz von Siebold*는 "향나무의 변종으로 줄기가 뻗는 형태가 특징이다"라고 발표했는데요. 학자들은 아직 눈향나무와 섬향나무 사이의 확실한 차이를 발견하지 못했습니다. 향나무와 비교할 때 섬향나무는 비늘잎이 없고 바늘잎만 있는 것이 특징이라는 논문이 최근 발표되기도 했지만, 국립수목원에서 연구한 바로는 섬향나무 중에 비늘잎이 나는 경우도 있었습니다. 단천향나무는 우리나라 북부 지방에 주로 분포하는 종이라, 분단 이후엔 연구하지 못하고 있어요. 예전에 채집한 표본 기록만 남한에 있죠. 저도 단천향나무를 그린 적이 있지만, 실물이 아니라 표본을 보고 그렸습니다. 연필향나무는 목재를 연필을 만드는 데 사용했다고 해서 붙은 이름이에요. 1930년대 미국으로부터 들여왔지요. 그 성장 속도가 향나무속 중에 가장 빠른 편이라 조림 수종으로 많이 심어왔습니다.

주변에서 쉽게 볼 수 있는 나무라 그런지, 국립수목원에서 일할 때 받은 식물 관련 문의 중 향나무에 관한 것이 많은 편이었습니다. 특히 가이즈카향나무에 대한 문의가 많았어요. 가이즈카향나무는 1909년, 이토 히로부미가 대구의 달성공원에 기념 식수로 심으면서 우리나라에 퍼진 것이라고 알려져 있는데요. 일제 강점기의 잔재이므로 다 베어야 하지 않겠냐는 문의였어요. 가이즈카향나무가 관공서나 학교에도 많이 심겨 있다면서요. 그런데 알아보니, 관공서 등에 향나무를 심기 시작한 건 1970년대 들어서로, 이토 히로부미가 기념 식수로 심었던 때와는 시기적 차이가 커서 사실상 그 둘은 관련이 없어요. 그 당시 기념 식수로 심었던 가이즈카향나무도 일본에서 자생하는 특정 향나무 종이 아닌, 우리나라 고유 수종이라는 연구도 있었고요. 오랜 시간 동안 자라온 나무를 베어내야 하는 일이므로, 좀 더 신중하게 접근해야 할 것 같습니다.

크리스마스트리의[*] 기원

크리스마스가 되면 길가 곳곳에 세워진 크리스마스트리가 그 절기의 분위기를 한껏 북돋습니다. 우리나라에서는 진짜 나무를 구해다가 집 안에 크리스마스트리로 세워두는 경우가 많지는 않지만, 서양에서는 크리스마스가 다가오면 트리용 나무를 직접 보러 다니며 마음에 드는 수형의 큰 나무를 사서 겨울 내내 집 안이나 정원에 놓아두곤 합니다. 미국 영화나 드라마에도 이런 장면이 자주 등장하죠. 그래서 저는 크리스마스 하면, 미국 드라마 중 가장 처음 접한 작품인 〈디 오시*The O.C*〉에서 등장인물들이 크리스마스를 맞아 트리용 나무를 사러 가는 장면이 먼저 떠오릅니다.

약 1천 년 전쯤 북유럽 쪽에서 처음 크리스마스에 전나무를 집 내부에 두기 시작했다고 합니다. 그 당시는 지금과 달리 나무를 거꾸로 매달아두었다고 해요. 이후 꽃이나 열매 장식을 위해 나무에 양초나 종이 사과 등 색깔 있는 장식을 매달게 되었고요. 크리스마스트리용 나무는 모두 늘푸른나무랍니다. 그중 잎이 가는 전나무 종류를 특히 크리스마스트리로 많이 사용합니다. '퍼*fir*'라고 불리는 전나무속 이외에도 '파인*Pine*'이라 불리는 소나무속, '스프러스*Spruce*'라고 불리는 가문비나무속, '사이프러스*Cypress*'나 '세다*Cedar*'라고 불리는 삼나무 종류를 보통 트리로 많이 이용합니다. 퍼 종류에서는 특히 '노르웨이 퍼'나 '코리안 퍼'를 크리스마스트리로 가장 많이 찾곤 하고요. 이름에서 추측할 수 있듯 '코리안 퍼*Korean fir*'가 바로 우리나라의 특산식물인 '구상나무'입니다.

그런데 이상하게 우리나라에 정원수로 심긴 구상나무는 우리나라에서 증식된 것이 아니라, 외국에서 증식된 것을 들여와 다시 증식시킨 경우입니다. 우리나라의 특산식물이라고 했는데 왜 그런 걸까요? 구상나무가 처음 발견된 시기는 1900년대 초로 거슬러 올라갑니다. 1907년, 프랑스 출신으로 일본에 파견된 식물학자인 포리*Urbain Faurie* 신부와 우리나라에서 포교 활동을 하던 타케*Emile Joseph Taquet* 신부가 제주도도 들르게 되었습니다. 그때 한라산에서 구상나무를 발견하게 되었죠. 처음에 그들은 그 나무가 분비나무인 줄 알고 채집해서 미국 하버드대의 아널드 식물원*Arnold Arboretum*에 소속된 식물분류학자인 윌슨*Earnest H. Wilson*에게 보냅니다. 사실 지금까지도 구상나무와 분비나무 사이에 계통분류학적 재검토를 이어가는 중이긴 한데요. 윌슨이 살펴보니 채집된 식물은 분비나무가 아닌 신종 같았습니다.

이에 1917년, 윌슨은 직접 한라산으로 가서 식물을 관찰하기로 마음먹었죠. 관찰한 결과 분비나무와는 다르게 이 식물은 열매 포가 좀 더 뒤집힌 모양이며, 수지구(나뭇진이 분비되는 세포의 빈틈)가 중앙에 위치하고 수피가 더 거칠었습니다. 이에 분비나무와 다른 종임을 확신하고 1920년, 아널드 식물원 연구 보고서에 신종으로 실었지요. 학명은 '***Abies koreana*** **E.H. Wilson**'으로 붙였습니다. 한국에서 발견했기 때문에 '코레아나'라는 종소명을 붙였죠. 제주도에서는 나무를 '낭'이라고 부르는데, 그중에 구상나무는 '쿠살낭'이라고 불렀다고 해요. 쿠살은 성게를 가리키는 제주도 방언인데요. 구상나무 잎이 성게 가시처럼 생겼다고 해서 붙인 이름이래요. 구상나무의 기준표본 가운데 두 점은 지금까지 아널드 식물원에서, 그리고 다른 한 점

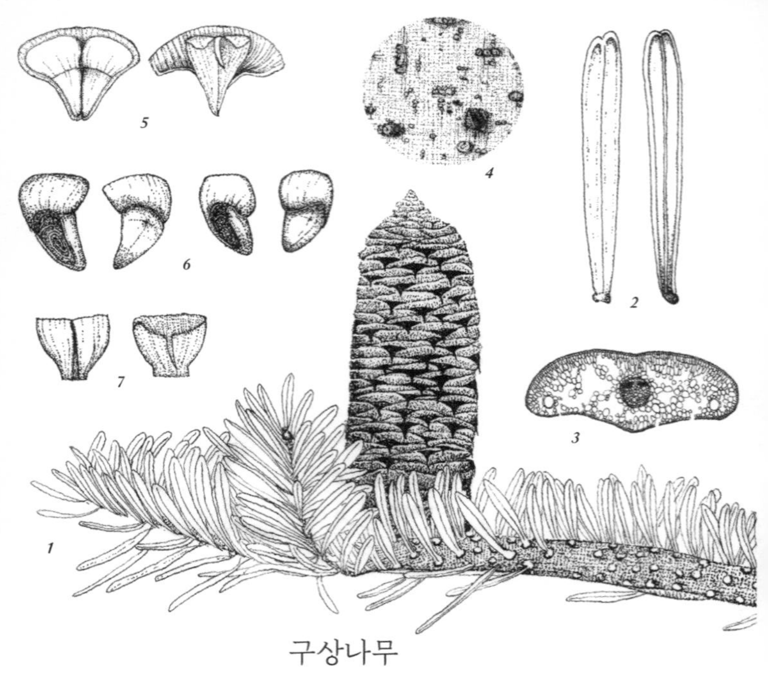

구상나무

Abies koreana E.H.Wilson

1 구과가 달린 가지 *2* 잎 *3* 잎 단면 *4* 수피 *5* 실편과 포편
6 포편 *7* 씨앗과 씨앗 날개

은 스미스소니언 박물관에서 소장하고 있어요. 식물을 처음 발견하면 표본을 만들고 그림으로도 기록하며, 그 식물을 식재하기도 하는데요. 아널드 식물원에도 그 당시 식재한 한라산의 구상나무가 여전히 잘 자라고 있다고 합니다.

소나무목 소나무과 전나무속

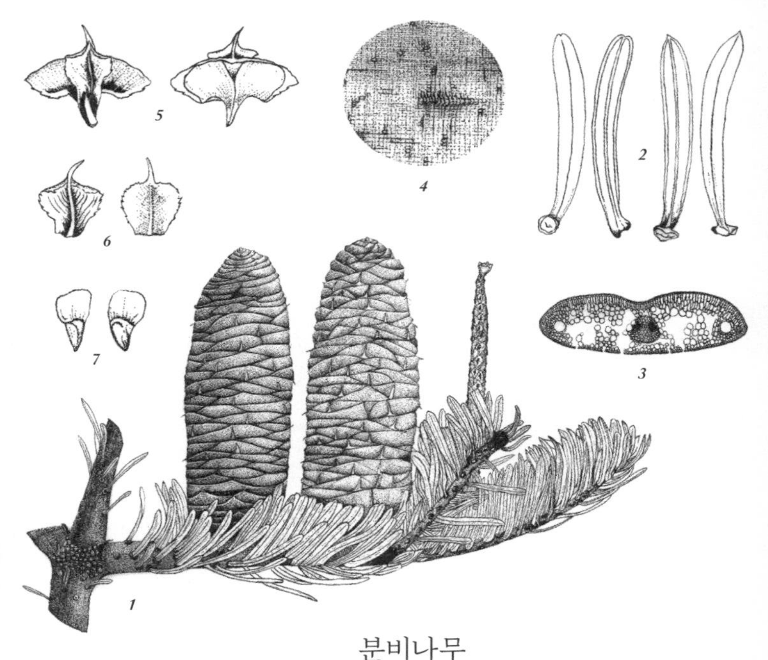

분비나무

Abies nephrolepis (Trautv. ex Maxim.) Maxim.

1 구과가 달린 가지 *2* 잎 *3* 잎 단면 *4* 수피 *5* 실편과 포편
6 포편 *7* 씨앗과 씨앗 날개

구상나무의 발견과 관련해 또 하나 흥미로운 사실은 윌슨이 구상나무가 신종이 맞는지 확인하는 동안, 일본의 식물학자 나카이가 1913년 구상나무를 학회에 발표한 적이 있다는 것입니다. 그 당시 분비나무와 형태적인 차이를 증명할 수 없어

서, 신종이 아닌 분비나무와 같은 종으로 발표했지요. 나중에 구상나무를 분비나무와 구별하지 못한 걸 두고두고 아쉬워했다고 해요. 저도 우리나라의 구과 식물도감을 준비하면서 구상나무를 관찰해서 그린 적이 있는데, 그리면서 분비나무와 형태적인 특징이 비슷해 놀랐어요. 그래서 두 종이 사실 같은 종이라는 의견도 계속 제시되고 있는 거고요. 열매의 포가 더 뒤집힌 것이 구상나무의 차별화된 특징이라고는 하지만, 이것이 분류키가 될 수는 없다는 연구 결과도 있었습니다. 그래서 지금까지 계속 두 형질 간의 차이가 연구되는 중이랍니다.

관상적 가치를 주목받은 구상나무는 이후 개량, 증식되어 '코리안 퍼'라는 이름으로 정원이나 크리스마스트리용 실내식물로 식재되고 있습니다. 그런데 구상나무가 현재는 세계자연보전연맹*IUCN*에서 지정한 국제적 멸종위기종에 포함됐다고 합니다. 실제로 한라산에 가장 큰 군락을 이루고 있던 구상나무들이 산불로 많이 사라졌고, 기후 변화로 인해 추운 환경을 좋아하는 바늘잎나무가 점점 자라기 힘들게 되었습니다. 이러다가 구상나무 중에 자생하는 개체가 영영 없어질지도 몰라요. 이 때문에 우리나라의 식물학자들이 주요 연구 대상에서 빼놓을 수 없는 것이 바로 구상나무입니다. 비록 외국 식물학자들에 의해 처음 발견되고 이름 붙여졌지만, 이제 더는 늦지 않게 우리가 나서서 이들을 연구하고 지켜가야 하지 않을까요.

no. 35 *Euphorbia pulcherrima* Willd. ex Klotzsch

크 리 스 마 스 * 빛 깔 의 * 식 물

크리스마스 장식을 보면 연말임을 실감하게 되는데요. 요즘엔 마트에 크리스마스트리뿐만 아니라, 포인세티아도 많이 팔더라고요. 포인세티아는 생김새만 보더라도 누구나 크리스마스를 떠올릴 만한 색을 띠고 있습니다. 실제로 포인세티아의 영명은 '크리스마스 플라워'예요. 미국에서 많이 재배되고 있는데, 그 존재가 알려진 건 아직 150년 정도밖에 되지 않았답니다. 포인세티아의 빨간색이 액운을 막아준다고 해서 크리스마스를 대표하는 식물이 되었다는 이야기도 있어요.

언뜻 빨간색 부분은 꽃이고, 초록색이 잎이라 생각할 수 있는데요. 자세히 살펴보면 빨간색 부분도 같은 잎입니다. 포엽(苞葉)이라 불리는 변형된 형태의 잎이죠. 꽃은 노랗고 작게 따로

대극목 대극과 대극속

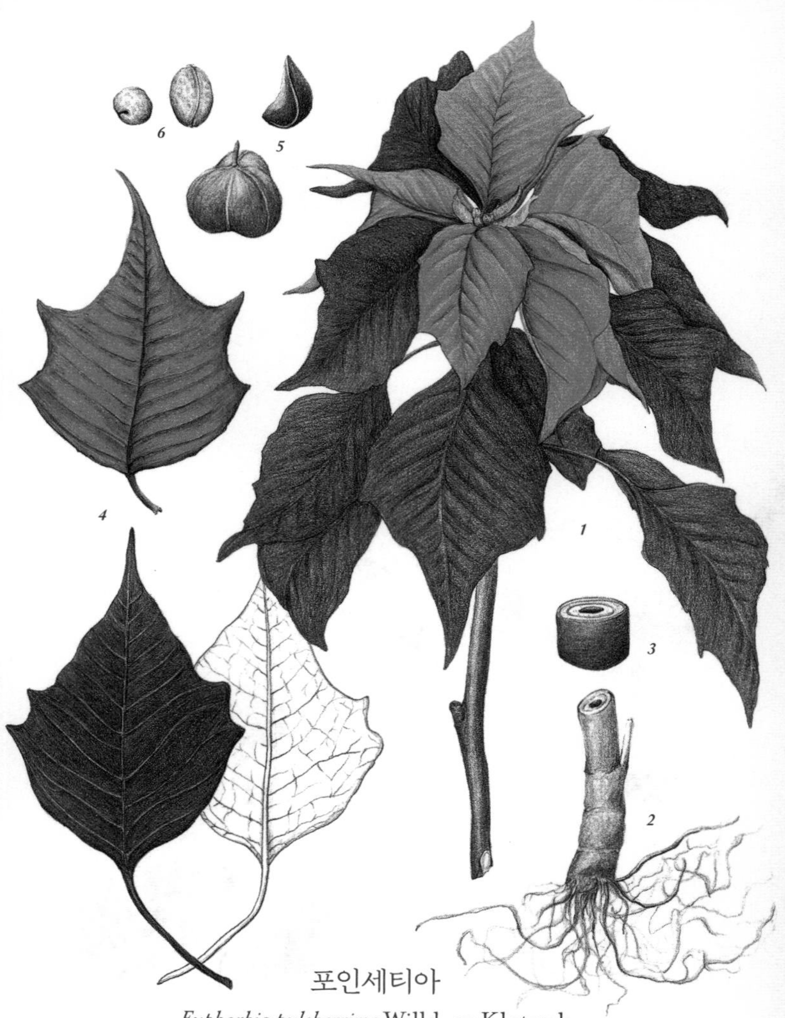

포인세티아

Euphorbia pulcherrima Willd. ex Klotzsch

1 전체 모습 *2* 뿌리 *3* 줄기 *4* 잎 *5* 열매 *6* 씨앗

피어요. 키우다 보면 처음에 잎이 어릴 때는 녹색이었다가 점점 빨갛게 물들어가는 걸 확인할 수 있죠. 요즘엔 품종을 개량해 빨간 포엽뿐만 아니라, 노란색, 흰색, 연두색, 핑크색, 벽돌색 등 다양한 색과 무늬의 포엽이 있습니다. 이름도 프리미엄 피카소, 모네 트와일라이트 등 화가의 이름을 땄고요.

포인세티아는 멕시코와 중앙아메리카 원산입니다. 우리는 평소 화분에 심긴 키가 50센티미터도 되지 않는 포인세티아만 볼 수 있지만, 자생지에서는 3미터 이상으로 사람 키보다 훨씬 크게 자랍니다. 원산지 환경을 보면 알 수 있듯, 포인세티아는 따뜻한 곳을 좋아합니다. 그래서 한겨울에 키울 때에도 실내 온도를 15도 이상은 유지해줘야 해요. 그리고 잎은 물에 약하므로 물을 줄 때는 잎에 닿지 않도록 조심하고요. 멕시코 원주민들은 포인세티아의 붉은 포엽으로 염료를 만들어 직물을 물들이곤 했대요. 화장품으로 이용하기도 하고요. 포인세티아를 미국에 처음 알린 사람은 멕시코에 머물고 있던 미국 대사 조엘 로버츠 포인셋*Joel Roberts Poinsett*이었습니다. 외교관이자 의사였던 그는 식물을 워낙 좋아해 식물학도 연구했습니다. 이후 스미소니언의 초대 기관을 설립하기도 했고요. 그는 멕시코에 머무는 동안 그곳의 식물을 미국으로 여럿 보냈는데

대극목 대극과 대극속

요. 1828년에는 포인세티아를 처음 보고 그 색에 반해 몇 그루를 채집해서 미국의 집에 보냈습니다. 친구가 그것을 증식시켜 미국의 식물원에도 보냈고요. 그렇게 1936년, 포인세티아가 미국에 본격적으로 알려지기 시작했죠. 포인세티아는 바로 그 식물을 처음 발견해 미국으로 보냈던 포인셋의 이름에서 유래한 거예요. 멕시코에서는 매년 조엘 로버츠 포인셋이 사망한 날인 12월 12일에 맞춰 그를 기리는 행사가 열리는데요. 포인세티아 관련 전시도 열리는 등 포인세티아의 날로 기념하고 있습니다.

이후 포인세티아는 미국에서 가장 많이 연구 · 증식되어, 현재 미국에서의 재배량이 전 세계 포인세티아 판매량의 절반을 차지하고 있습니다. 그중에서도 캘리포니아에서 70퍼센트 이상이 재배되고 있고요. 미국과 캐나다에서는 가장 많이 판매되는 분화류에 속하는데요. 재밌는 사실은 포인세티아 대부분이 크리스마스 전 6주 안에 판매된다는 거예요. 한편 포인세티아는 저 멀리 남아프리카 마다가스카르의 국화이기도 합니다. 마다가스카르의 국화는 두 가지로, 부채잎파초와 다른 하나가 바로 포인세티아예요. 잎을 반으로 접으면 마다가스카르 지도와 같은 모양이기 때문이래요. 잎의 녹색과 빨간색, 그리고 잎과 줄기를 자르면 흘러나오는 흰 액체 이 세 가지 색깔이 마다가스카르의 국기 색이기도 하고요.

저도 작년 11월, 우리나라에서 육성한 포인세티아를 그리게 되어 식물을 키우며 관찰했는데요. 세밀화를 그리기 위해 줄기를 자르면 흰색 유액이 끊임없이 흘러나오더라고요. 아마 인도고무나무나 벤자민 고무나무 등 고무나무 종류의 식물을 키우시는 분들도 줄기를 자르면 이런 유액이 나오는 걸 본 적 있을 거예요. 포인세티아가 속한 유포르비아속 식물이나 우리나라 들풀인 민들레나 고들빼기, 씀바귀, 도라지, 더덕 같은 식물 또한 줄기나 뿌리를 자르면 흰색 액체가 나오는데요. 이것은 식물 세포가 파괴되면서 그 안에 있던 라텍스 성분이 흘러나오는 것입니다. 라텍스는 고무를 만드는 데 이용하기도 하고, 예전부터 약용으로 열을 내리는 데 쓰기도 했어요. 그래서 멕시코 원주민들은 포인세티아의 유액을 해열제로 사용했죠. 식물이 이런 유액을 함유하는 이유는 스스로를 지키기 위함입니다. 이 유액이 동물 피부에 닿으면 가려움이나 두드러기 같은 알레르기를 유발하거든요. 사람들도 라텍스에 알레르기 반응을 보이는 경우도 있어요. 실제로 유액의 부작용과 관련해 오하이오 주립대학교에서 실험을 진행한 적이 있는데요. 사람의 경우엔 포인세티아 잎 500장 이상을 먹어야 위장 장애나 구토

대극목 대극과 대극속

를 일으킨다는 결론이 나왔습니다. 그런데 잎이 그다지 맛있지 도 않은데 500장 이상 먹을 일은 별로 없겠죠. 그러니 사람에게까지 그다지 위험한 식물은 아니란 거예요. 물론 아이들이나 애완동물이 혹시나 잎을 많이 먹지 않도록 조심은 해야겠지만요.

제가 그린 포인세티아는 우리나라 농촌진흥청에서 2015년에 육성한 '포인세티아 플레임'이라는 품종이에요. 우리나라에서 유통되고 있는 포인세티아 중 80퍼센트가 외국 품종으로, 농가에서 매번 로열티를 지불해왔습니다. 그래서 외국 품종을 대체할 수 있는 품종을 우리나라에서 연구해온 거죠. 이미 육성한 것이 40품종이나 된다고 해요. 제가 그린 플레임 외에도 마블 벨, 스노우볼, 펠리체 등 크리스마스나 겨울과 어울리는 이름들이 많아요. 그림을 그린다고 11월 중순쯤부터 포인세티아 화분을 들여놓았었는데, 크리스마스가 다가올 무렵엔 꽃이 피면서 향기도 나더라고요. 그 덕분에 작업실에 크리스마스 분위기가 가득했습니다. 매년 조립해서 사용하는 플라스틱 크리스마스트리 대신, 포인세티아 화분을 하나 두고서 연말 분위기를 느껴보는 건 어떨까요.

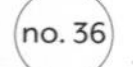

Fragaria × ananassa Duchesne ex Rozier

가 장 * 향 기 로 운 * 열 매

식물세밀화 작업을 하면서 애먹었던 경우를 꼽아보라고 하면, 딸기를 빼놓을 수 없습니다. 농촌진흥청에서 육성한 '아리향'이라는 신품종 딸기를 그린 적이 있는데요. 과실에 씨앗이 정말 많이 붙어 있어서 다 그리려니 쉽지 않더라고요. 딸기 하나에 씨앗이 200여 개는 붙어 있는 것 같아요. 씨앗이 굉장히 균일한 간격으로 박혀 있어, 그리면서 자연의 배치가 참 수학적이라는 생각이 들었습니다.

딸기가 다른 과일과 달리 바깥에 씨앗이 붙어 있는 이유는 꽃턱이 자란 헛열매이기 때문입니다. 과일은 식물의 열매로, 우리가 섭취하는 것은 열매의 살과 같은 부분입니다. 열매는 꽃의 여러 부분이 변해서 만들어지는데, 감이나 사과, 배 등

장미목 장미과 딸기속

대부분은 꽃의 씨방이 자란 참열매예요. 그런데 딸기는 꽃턱이 부풀며 자란 것으로, 꽃턱 바깥의 씨방은 작은 씨가 되어 딸기의 겉에 붙어 있어요.

딸기는 장미과 식물입니다. 고대 로마인들이 딸기를 처음으로 재배하기 시작했는데요. 그들은 딸기를 '프라가*fraga*'라고 불렀습니다. '향기로운 것'이라는 뜻의 '프라그'에서 따온 이름이죠. 딸기의 속명인 '프라가리아*fragaria*'가 바로 여기에서 유래했고요. 우리가 먹는 딸기는 향이 그리 강한 편이 아니지만, 그 당시 로마인이 재배했던 딸기는 다른 품종으로 향이 굉장히 강했나 봐요. 그런데 아쉽게도 그들이 재배한 '프라가'는 역사 속으로 사라졌어요.

그러다 17세기 무렵, 칠레에서 일하던 프랑스 육군 공무원이 야생 딸기를 하나 발견합니다. 프라가리아 칠로엔시스라는 종이었는데, 몇 포기를 채취해 프랑스에 가져갔죠. 그 딸기를 상관에게 선물로 주었고, 그 상관은 그것을 다시 심었지요. 몇 년 뒤, 칠로엔시스 암꽃과 기존에 심겨 있던 버지니아나라는 종의 수꽃이 우연히 혼식되어 교잡으로 새로운 종, 우리가 요즘 먹는 딸기와 비슷한 형태의 밭딸기가 생겼어요. 이를 계기로 딸기 산업이 본격적으로 시작되었죠. 이렇듯 늘 우연한

야생 딸기

Fragaria vesca L.

1 전체 모습 *2* 줄기 *3* 열매 *4* 씨앗

사건이 역사의 중요한 전환점이 되는 것 같습니다. 밭딸기를 시작으로 딸기 품종 개발이 이어졌고, 백 년 정도의 시간이 흘러 우리가 지금 먹는 형태인 프라가리아 아나나사*fragaria ananassa* 딸기가 육성되었죠. 이것이 꾸준히 개인 육종가들에 의해 재배되다가 1900년대 이후, 미국에서 본격적으로 개량에 나서면서 딸기가 세계적으로 주요 과일의 자리를 차지하게 되었습니다.

우리나라에는 1900년대 초반에 처음 소개된 것으로 보입니다. 1917년, 닥터 모랄, 라지스트 오브 올, 로얄 사버린 등의 품종이 우리나라에 들어왔다는 기록이 남아 있어요. 1960년대 들어 본격적으로 딸기 농가가 조성되었는데, 수원 근교에서 재배된 '대학 1호'라는 품종이 그 시작이라고 알려져 있고요. 딸기는 원래 초여름이 제철인 과일이었는데, 하우스 재배 기술이 널리 보급되면서 늦가을부터 수확을 하기 시작해 이젠 겨울이 제철이 되었어요. 1월 딸기의 당도가 가장 높고, 출하량이 많기도 하고요.

2000년대 이후 매향과 설향 등의 품종이 육성되기 전까지는 주로 일본 품종을 먹어왔어요. 끝이 뾰족한 아키히메, 끝이 둥글고 색이 진한 레드펄, 육보 모두 일본 품종이었죠. 그런데 1년에 일본으로 로열티만 30억 이상을 내게 되다 보니, 우리나라에서 자체적으로 품종을 육성하는 일이 시급했어요. 그렇

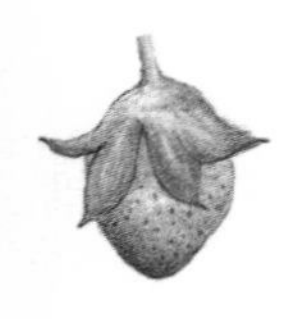

게 10년 만에 육성한 것이 설향이죠. 달고 단단해 이제는 우리가 먹는 딸기의 80퍼센트를 차지할 정도로 대표 품종으로 자리하게 되었습니다. 매향은 주로 수출 전용으로 재배되고 있고요. 그 덕분에 일본에 지불하는 로열티도 2005년 32억에서 작년에는 5천만 원으로 줄어들었다고 합니다. 다만 설향의 인기가 높아 농가에서 설향만 재배하려고 하다 보니 단종 재배 시의 위험이 우려되어, 다양한 품종을 재배할 수 있도록 품종을 계속 개발하고 있어요. 그 과정에서 얼마 전 제가 그렸던 '아리향'도 생겨난 거고요.

딸기는 생과로 씻어 바로 먹을 수도 있지만, 요즘엔 다양한 디저트 메뉴에도 이용되어 인기가 점점 높아지고 있습니다. 딸기 뷔페가 있을 정도니까요. 다른 과일의 경우 껍질을 벗기면 변색이 되거나 식감이 변하게 마련인데, 딸기는 몇 시간 정도는 거의 변화가 없다는 것도 큰 장점입니다. 이제는 국가적 지원으로 연구자들이 공들여 연구한 끝에, 되려 수출이 늘어 작년 딸기 수출액이 500억에 다다른대요. 식물 연구가 국가적으로 어떤 경제적 이익을 가져다주는지, 그 실례가 된 것이죠.

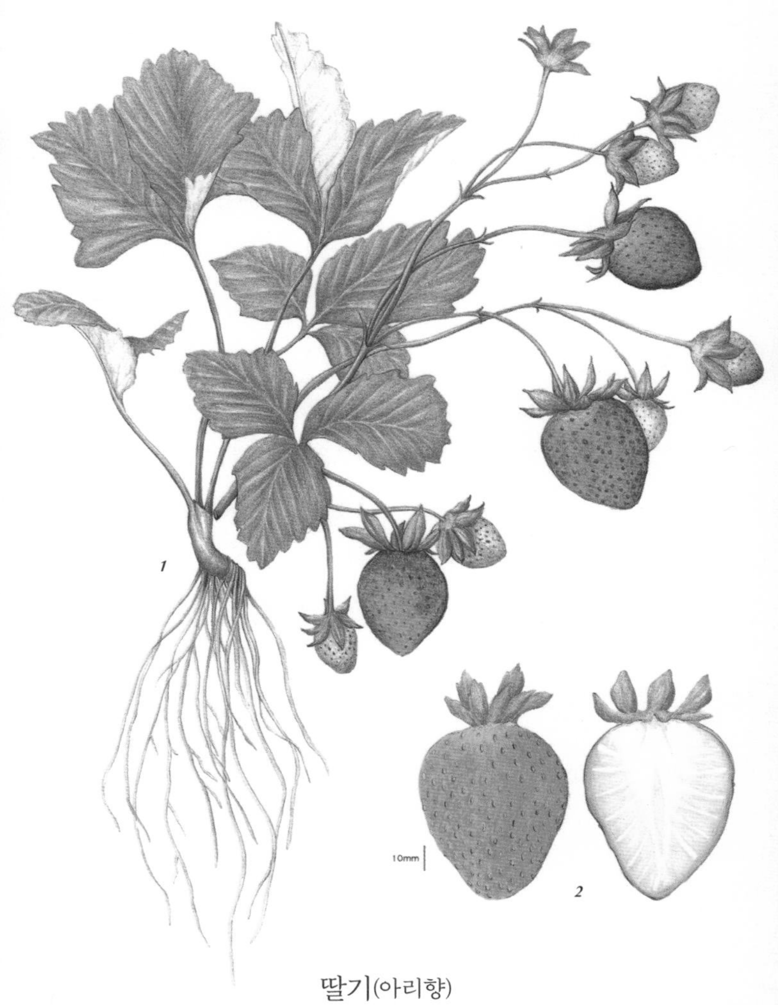

딸기(아리향)

1 전체 모습 *2* 열매

no. 37 *Hordeum vulgare* L.

보릿고개를 * 넘어 * 웰빙 * 음식으로

농촌진흥청 등 국가기관에서 의뢰해오는 식물세밀화는 주로 그 대상이 신종이나 신품종일 경우가 많습니다. 식물세밀화를 매개로 사람들에게 새로운 식물을 알리려는 거죠. 그래서 세밀화를 그릴 때는 이 식물은 나중에 또 어디에서, 어떤 방식으로 만나게 될지 궁금해지곤 합니다. 꼭 다시 만났으면 좋겠다고, 그럼 가장 먼저 알아봐주겠다고 하면서 말이에요. 실제로 다양한 장소에서 제가 그렸던 세밀화 속 식물을 만날 수 있었는데요. 공원이나 꽃집에서, 때로는 마트의 채소나 과수 코너에서 만나기도 했어요. 가공한 상태로 약이나 화장품으로 만날 때도 있었고요. 그리고 이번에는 특이하게 음료로 가공된 상태로 식물을 마주하고 있습니다.

지금 제 책상에는 보리로 만든 음료수 한 병이 놓여 있는데요. 보통의 보리차와 다르게 색이 까맣습니다. 바로 농촌진흥청에서 육성한 신품종인 검정 보리를 이용해 제조한 음료거든요. 혹시나 하고 찾아봤더니, 재작년 가을쯤 의뢰받아 세밀화로 그렸던 '흑누리'라는 품종이었습니다. 우리나라에서 육성한 품종은 보통 순우리말로 이름 붙이는데요. 흑누리도 마찬가지예요. 흑누리를 세밀화로 그릴 때만 해도 관련 업계의 사람들에게만 알려져 있었는데, 이렇게 음료로 만들어져 대중을 만나게 되었다니 기분이 묘했습니다.

보리는 만 년 정도 전부터 인류의 대표적인 식용작물이었습니다. 탄수화물 함량이 많아 주로 주식으로 이용되어왔죠. 서양에서는 수프나 빵으로, 동양에서는 죽이나 밥의 형태로요. 그렇지만 보리는 쌀과 밀에 비해 그 가치를 인정받지 못했습니다. 질감이 꺼끌꺼끌하고 맛이 없다며 부자들은 쌀을 먹고 형편이 좋지 못한 하층민들이 주로 보리를 먹었어요. '보릿고개'라는 말도 있잖아요.

그런데 시대가 바뀌어 사람들이 '웰빙'과 먹거리에 주목하기 시작하면서, 보리가 각광 받기 시작했습니다. 더 이상 가난하다고 보리를 먹는 것이 아니라, 건강을 위해 쌀과 밀을 줄

보리(흑누리)

보리(자수정찰)

이고 보리를 찾기 시작한 거죠. 보리는 식이섬유와 비타민 등 영양분이 풍부해 소화가 잘되고, 철분과 엽산도 있어 빈혈에도 좋다고 알려졌거든요. 그래서 이젠 빵도 보리로 만든 빵을 사람들이 찾기 시작했어요. 음료의 소비 패턴도 바뀌어, 사람들이 탄산음료 대신 둥굴레차나 옥수수수염차 등 식물이 원료가 되는 음료를 많이 찾기 시작했는데요. 이런 흐름을 따라 검은 보리 음료까지 출시된 것이죠. 최근엔 커피에 보리를 섞어서 추출하는 '보리 커피'도 개발되었습니다. 카페인 함량이 적다 보니, 카페인에 예민한 분들께 커피 대체 음료로 인기를 얻고 있다고 해요.

이처럼 보리 산업이 급격히 성장해, 요즘 우리나라 역사상 보리 재배 면적이 최고치를 기록했다고 합니다. 농촌진흥청에서도 그동안 꾸준히 보리를 연구해왔는데요. 사람들이 좋아할 만한 품종을 다양하게 개발하고, 그것의 활용을 활성화할 수 있도록 애써왔습니다. 이제 그 연구의 결실을 맺기 시작한 거고요. 우리나라에서 육성한 검정 보리로 흑누리뿐만 아니라 흑광이라는 품종도 있습니다. 또 '강호청'이라는 녹색 보리도 있고요. 빛깔이 다양한 만큼 영양분도 조금씩 달라요. 사람들이 보리에 갖는 선입견 중 하나인 까끌까끌한 질감을 보완하는 영백찰, 한백 등의 품종도 육성했어요. 그중 몇 종은 외국으로 수출도 하고 있는데, 특히 흑누리는 수출 효자 품종이라고 해요.

매해 5~6월이면 제주도나 고창 등지에서는 청보리축제도 열립니다. 보리가 식용으로서뿐만이 아니라, 관상식물로서도 충분히 제 몫을 해내고 있는 거죠. 늘 알맹이 상태로만 보다가 축제장에 가면 보리가 바람에 넘실거리는 모습이 얼마나 아름다운지 다들 놀라곤 합니다. 색보리의 경우엔 꽃꽂이나 꽃다발용 절화로도 충분히 사용할 수 있을 것 같아요. 얼마 전에는 자주색 보리인 '자수정찰'이라는 품종을 세밀화로 그렸는데요. 자수정찰을 넣은 꽃다발도 무척 아름다울 것 같습니다. 흑누리처럼 자수정찰도 언젠가 주변에서 또다시 만나볼 수 있겠지요.

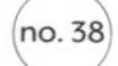

Hibiscus Syriacus L.

가 까 이 * 있 지 만 * 가 깝 지 * 않 은

화랑, 한얼단심, 신태양, 설악, 새영광, 새아침, 한사랑, 첫사랑, 아랑, 한얼, 파랑새, 아사달, 평화……. 이 단어들의 공통점은 무엇일까요. 바로 무궁화 품종의 이름이라는 것입니다. 우리나라 국화인 무궁화는 신기하게 늘 광복절 즈음에 만개합니다. 아마 우리나라에서 무궁화를 모르는 사람은 없을 거예요. 그런데 우리가 '정말로' 무궁화를 잘 알고 있을까요? 혹시 등산하다가 산에서 무궁화를 본 적 있나요? 아니면 도시의 꽃가게에서 무궁화를 사본 적이 있으세요? 무궁화를 집에서 키우고 있는 분 계신가요? 아마 거의 없을 거예요. 이렇듯 무궁화는 우리에게 굉장히 익숙한 식물이지만, 정작 무궁화를 가까이할 기회는 많지 않습니다. 가까이에 있지만, 그렇다고 가깝지는 않은 꽃이죠.

무궁화*Hibiscus Syriacus* L.의 학명에서 '히비스커스*Hibiscus*'라는 이름이 익숙하지 않으세요? 우리가 보통 차로 마시는 그 '히비스커스'가 맞습니다. 같은 가족이죠. '히비스'는 이집트 신의 이름에서 따온 것입니다. 그리고 무궁화의 종소명은 명명자가 이 식물이 시리아 원산이라 생각해서 '시리아쿠스'라 붙였는데요. 이후 중국 원산임이 밝혀졌습니다. 무궁화가 우리나라 국화이다 보니, 당연히 원산지가 우리나라일 거라고 생각할 텐데요. 사실 무궁화는 중국 원산의 식물입니다. 그래서 우리나라 자생식물이 아니라 산과 들에서는 볼 수 없는 거죠.

이 중국 원산의 무궁화가 우리나라에 도입되어 재배되었다는 기록은 고려시대 문헌에 적힌 '무궁'이란 단어를 통해서 알 수 있어요. 무궁화가 우리나라 국화로 지정된 건, 1900년대 초 민족운동이 한창 활발할 때 민족 단합을 위한 상징물로 국화를 무궁화로 정하고부터였어요. 무궁화의 흰색이 백의민족을 상징하고, 백 일 정도 오래 꽃을 피우는 속성이 우리나라 사람들의 끈기와 닮았다는 이유로 국화로 정한 것이죠. 각 나라의 국화는 그 나라 사람들이 꾸준히 좋아한 식물이 자연스럽게 국화로 지정되는 경우도 있고, 국화가 아예 없거나 둘 이상

무궁화

Hibiscus Syriacus L.

1 꽃이 달린 가지 *2* 꽃 *3* 열매 *4* 씨앗

인 나라도 있어요. 그리스는 향제비꽃, 올리브 두 식물을 국화로 지정하고 있고, 오스트레일리아도 아카시아, 유칼립투스속 자체를 국화로 지정했죠.

그런데 우리나라 식물학자들은 꾸준히 무궁화가 우리나라 국화로 어울리지 않는다고 주장해왔어요. 가장 큰 이유는 무궁화가 우리나라 자생식물이 아니기 때문이죠. 하지만 네덜란드의 국화인 튤립도 터키 원산이고, 프랑스의 장미도 서아시아 원산이에요. 꼭 그 나라에 자생하는 식물이 아니더라도, 국민들이 좋아하면 크게 문제가 되지 않는다는 거죠. 여기서 또 하나의 질문이 떠오릅니다. 우리나라 사람들은 무궁화를 좋아할까요? 확신하며 긍정할 순 없을 것 같아요. 그래서 1980년대엔 우리나라 자생식물로 나라 전역에 분포하고, 꽃이 피는 시기도 다른 식물보다 빠르며 많은 사람이 좋아하는 진달래로 국화를 바꾸자는 의견이 제기된 적도 있습니다. 그렇지만 이미 한번 정해진 국가 상징물을 바꾸는 게 쉬운 일은 아니죠. 이런 상황에서는 국민들이 무궁화를 좀 더 좋아할 수 있도록 사람들이 좋아할 만한 품종을 다양하게 개발하는 게 최선의 방법이었을 거예요. 이후 농촌진흥청과 산림청, 여러 식물학자들이 힘을 합쳐 무궁화의 다양한 품종을 육성해왔지요. 이 글의

앞부분에서 제가 읊었던 무궁화의 여러 이름이 그렇게 탄생한 것입니다.

그런 노력에도 불구하고 무궁화를 가장 좋아하는 꽃으로 꼽는 사람들이 많아지진 않은 것 같아요. 관공서나 학교 정원 등에서나 무궁화를 만날 수 있죠. 그 이유는 무엇일까요? 우선 관상식물로서 사람들에게 크게 매력적이지 않기 때문입니다. 우리에게 너무 익숙한 식물이다 보니, 오히려 관상용으로 흥미를 느끼지 못하는 거죠. 동북아시아에서는 그곳의 사람들에게 생소한 선인장, 다육식물, 리톱스 등이 인기가 많은 이유, 서양 사람들이 아시아 원산의 난과 식물을 좋아하는 이유가 바로 그 때문이에요. 그래서 육종학자들은 다양한 빛깔의 무궁화 품종을 개발하는 데 힘쓰고 있어요. 흰색의 배달계, 흰 꽃잎에 안쪽이 붉은 백단심계, 그 밖에 적색, 청색의 품종도 육성되었죠. 꽃잎도 겹꽃, 반겹꽃, 홑꽃 등으로 다양하고요.

무궁화에 진드기와 병해충이 많다는 편견도 사람들이 무궁화에 크게 매력을 느끼지 못하는 또 다른 이유입니다. 그런데 실제 연구 결과로는 무궁화의 진드기가 우리나라 사람들이 가장 좋아하는 관상수 중 하나인 벚나무와 큰 차이가 없다고 알려졌어요. 다만 벚나무의 경우 방제를 통해 관리를 잘하

우리나라에서 육성한 무궁화 품종들
A_ 선녀 B_ 고주용 C_ 화합 D_ 하공 E_ 아사달 F_ 배달

고 있다는 차이가 있을 뿐이죠. 결국 해충이나 진드기가 무궁화 재배를 꺼리는 데 결정적인 이유가 될 수는 없다는 것입니다. 그래서 저는 무궁화를 보면 오히려 미안하고 안타까운 마음이 커요. 우리나라 국화로 지정되지 않고 중국에서 살고 있었다면 굳이 "무궁화는 별로 안 예뻐" "무궁화는 진드기가 너무 많아"와 같이 아쉬운 소리를 듣지 않아도 되었을 텐데요.

텔레비전을 보는데 화장품 CF에 무궁화가 나오는 거예요. 알고 보니 무궁화에서 추출한 원료로 만든 화장품 광고였죠. 늘 아쉬운 소리를 듣곤 했던 무궁화에 어떤 쓸모, 가치를 쥐여주었다는 사실이 반갑기도 하고 감동적이었습니다. 또 그동안은 관상용 식물로서의 가치만을 주로 연구해왔는데, 그 밖에 약용 자원 연구에서 빛을 발한 것도 흥미로웠습니다.

이렇듯 활발한 연구와 더불어 연구 결과와 관련한 내용도 잘 기록하여 공유될 필요가 있는 것 같습니다. 보통 '무궁화'를 떠올려보라고 할 때 사람들은 각자 품종이 다른 무궁화를 생각하곤 하거든요. 어떤 사람은 흰색 무궁화를, 또 다른 사람은 노란 무궁화를, 누군가는 분홍색 무궁화를 떠올리기도 해요. 심지어 연구 기관에 따라서도 무궁화 품종 수를 각기 다르게 통계 내리고 있습니다. 100종이라는 통계도 있고, 200종이라는 통계도 있어요. 이 때문에 각 품종마다 보편적 특징을 그림으로 기록하는 일이 꼭 필요할 것 같습니다. 어쩌면 이것이 지금 이 시대를 살아가는 식물세밀화가의 역할이기도 할 텐데요. 저 또한 무궁화를 처음 스케치한 지 7년 정도 되었는데, 꽃이란 게 한꺼번에 피어나는지라 다른 꽃들을 기록하는 동안 무궁화를 그릴 기회가 없었던 것 같아요. 이젠 무궁화를 평생의 과제로 여기고서 꾸준히 관찰하고 기록해나가려고요.

no. 39 *Magnolia sieboldii* K.Koch

산에 * 사는 * 목련

지난겨울, 청와대에서 주최하는 '어서 와, 봄'이란 전시에 한반도의 식물을 주제로 참여하게 되었습니다. 이미 그렸던 그림에 네 종을 더 그려 함께 전시했는데요. 우리나라 전역에 분포하고 있는 함박꽃나무와 울릉도에만 자생하는 특산식물인 섬노루귀, 그리고 북한의 특산식물인 금강인가목과 검산초롱꽃을 추가로 그렸습니다.

섬노루귀는 이전에 스케치해둔 적이 있어 그것을 바탕으로 완성했어요. 그런데 금강인가목과 검산초롱꽃의 경우엔 전 세계에서 북한에만 자생하는 꽃이라, 만약 실제로 보고 그리려면 북한에 가야 하는데 불가능하잖아요. 그래서 할 수 없이 검산초롱꽃은 북한에서 공개한 표본과 사진 자료를 참고해 그

목련목 목련과 목련속

렸어요. 그렇지만 금강인가목은 예전에 제가 생체를 관찰하고 그린 스케치가 있었어요. 이것이 가능했던 이유는 100년 전, 윌슨이라는 미국의 식물학자가 금강산에서 발견한 금강인가목을 미국으로 반출했고, 이후 미국을 거쳐 유럽 스코틀랜드의 에든버러 식물원에서 증식되었습니다. 그리고 2012년, 우리나라 국립수목원에서 에든버러 식물원으로부터 증식한 아기 금강인가목을 받아와 심었고요.

마침 제가 국립수목원에서 일하고 있을 때라, 그 꽃핀 모습까지 꾸준히 사진으로 기록하고 스케치를 남겨둘 수 있었어요. 그렇지만 제가 직접 생체를 보고 그렸다고 해서 이번 그림이 완성되었다고 말하긴 어려울 것 같아요. 한 개체만 관찰하고 그린 그림이니까요. 실제 북한에서 자생하고 있는 개체의 다양성을 최대한 관찰하고, 해부하고, 그 결과를 반영하고 나서야 세밀화를 완성했다고 할 수 있을 것 같습니다. 식물세밀화를 그릴 때는 수정을 두려워해서는 안 돼요. 연구를 하면 할수록 새롭게 갱신할 정보가 생기게 마련이고, 이를 반영해서 수정하는 게 저의 몫이죠. 식물세밀화는 개체의 정확한 정보를 담고 있는 그림이어야 하니까요.

함박꽃나무는 자생식물 중 제가 가장 좋아하는 식물 중

하나라, 그리면서 더욱 즐거웠습니다. 원예학을 함께 공부한 동기들 중에 플로리스트나 조경가, 가드너 등 원예식물을 다루는 직업을 가진 친구들이 많은데요. 아무래도 평소에 크고 화려하게 개량된 원예식물에 익숙하다 보니, 자생식물은 소박하고 잔잔하다는 편견이 있는 경우가 많더라고요. 그럴 때마다 저는 바로 함박꽃나무를 보여주곤 합니다.

함박꽃나무는 목련과 목련속 식물이에요. 속명인 '마그놀리아*Magnolia*'는 프랑스 식물학자 마뇰*Pierre Magnol*을 기리기 위해, 종소명인 '시에볼디*sieboldii*'는 섬향나무를 처음 발견하기도 했던 독일의 식물학자 지볼트를 기리기 위해서 붙인 이름이에요. 마그놀리아 가족의 대표적인 식물로는 조경식물로 많이 이용되는 적목련, 백목련이 있는데요. 함박꽃나무도 꽃의 생김이 이들과 비슷하고 크고 화려하죠. 꽃잎 한 장이 10센티미터는 될 정도로 꽃이 크고, 자주색의 수술은 흰색 꽃잎과 대조되어 그 화려함을 더욱 뽐냅니다. 화려하면서도 단아한 동양적인 아름다움이 느껴지기도 하고요.

함박꽃나무는 북한의 국화이기도 합니다. 언론매체에 게재된 북한 정치인들의 사진 배경에서 함박꽃나무 심볼이나 패턴을 쉽게 찾아볼 수 있어요. 그런데 흥미로운 사실은 함박

함박꽃나무

Magnolia sieboldii K.Koch

1 꽃이 달린 가지 *2* 꽃봉오리 *3* 만개한 꽃

꽃나무를 북한에서는 '목란'이라고 부른다는 것입니다. 그리고 함박꽃이라 불리는 식물은 따로 있고요. 바로 우리나라에서 작약이라고 부르는 식물을 북한에서는 함박꽃이라 부른답니다. 환경부에서 우리나라 '국가생물종목록'에 수록된 국명과 북한에서 발간한 '조선식물지'에 수록된 식물명 목록을 비교했는데요. 그 결과 우리나라와 북한 사이에 식물 중 반 이상을 서로 다른 이름으로 부른다는 것을 알 수 있었습니다. 물론 식물학자들은 연구 시 보통 국명이 아닌 학명으로 소통하긴 하지만, 오히려 우리나라와 북한은 같은 언어를 쓴다고 생각해 별 생각 없이 학명 대신 국명을 사용했다가 혼선이 일어날 수 있어요.

우리나라와 북한 사이에 식물명이 달라진 가장 큰 이유는 북한에서는 우리나라에서 사용하는 '스트로브잣나무', '방크스소나무' 등의 외래어를 우리말 이름으로 순화해서 부르고 있기 때문이에요. 그 밖에 두음법칙에 의한 차이도 있고요. 또 우리나라에서는 무궁화라고 부르지만, 북한에서는 '무궁화나무'라고 부르는 것처럼 같은 식물이라도 북한에서는 '나무'를 덧붙이기도 해요. 주로 우리말을 사용해서 그런지, 북한 식물명이 이름만으로 형태를 추측하기가 더 수월한 편이에요. '눈잣나무'

의 경우, 북한에서는 '누운잣나무'라고 부르는데요. 어떤 식물인지 그 형태를 떠올리기가 더 쉽죠? 함박꽃나무의 경우도, 북한에서는 '산에 사는 목련'이란 뜻에서 '목란'이라고 이름 붙인 거예요.

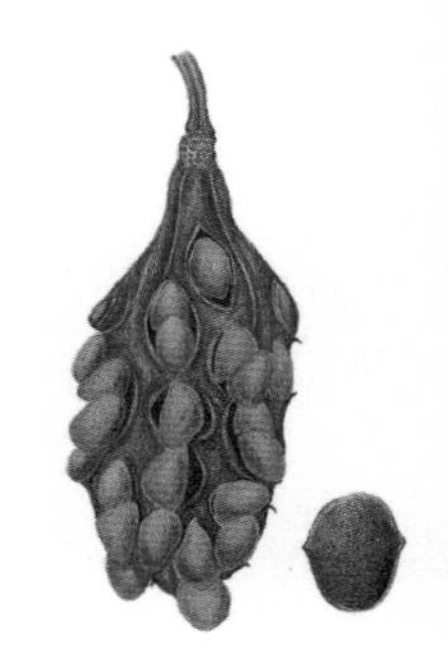

열매와 씨앗

최근 발효된 나고야 의정서로 식물 주권이 강화되면서 자생식물을 조사·수집하고 연구하는 일이 국가 경제에도 중요한 사안으로 대두되고 있습니다. 우리나라는 백두산으로부터 이어진 백두대간을 중심으로 식생이 이루어져 있기 때문에, 백두산을 사이에 둔 중국과 식물 주권을 겨루게 될 가능성이 커요. 벌써 나고야 의정서가 발의된 직후 중국은 전국의 식물학자들을 모집해 대대적으로 백두산의 식물을 조사 · 수집하고 있다고 해요. 그 과정에서 신종과 미기록종이 발견되기도 했고요. 이제 이런 상황에서는 우리와 한반도를 공유하는 북한의 식물명과의 간격을 긴 시간을 두고서라도 좁혀 나갈 필요가 있습니다.

no. 40 *Camellia japonica* L.

겨울을 * 환히 * 밝히는 * 붉은 * 꽃

겨울을 배경으로 하는 소설에 자주 등장하는 꽃이 있습니다. 바로 동백꽃이에요. 한겨울, 꽃을 보기 힘든 상황에서 홀로 피어난 꽃을 보면 반가운 마음이 앞서게 마련이죠. 꽃이 지는 모습 또한 인상적입니다. 보통은 꽃이 시든 다음 꽃잎이 색이 변하면서 하나씩 떨어지는 경우가 많은데, 동백꽃은 꽃잎이 전혀 시들거나 색이 변하지 않은 상태에서 툭 하고 떨어지거든요. 굉장히 처연하게요. 그런 동백꽃의 피고 지는 모습에 많은 사람들이 영감을 받아 작품에 표현하는가 봅니다.

동백나무 하면 소설가 김유정의 『동백꽃』을 떠올리는 사람도 많을 거예요. 그런데 사실 소설 속의 동백꽃은 우리가 알고 있는 동백나무의 꽃이 아닙니다. 왜냐하면 작품에서의 동

차나무목 차나무과 동백나무속

백꽃은 노란색이라고 표현되어 있거든요. 동백꽃은 빨갛거나 희거나 분홍색입니다. 그렇다면 이 꽃은 무슨 꽃일까요? 김유정 소설가의 고향이 강원도 춘천이라 작품에서 강원도 토속어가 많이 쓰이는데요. 그래서 아마 소설에서 동백꽃은 3월 초봄에 노랗게 피어나는 생강나무의 꽃을 가리키는 게 아닐까 합니다. 강원도에서는 생강나무를 동백꽃이나 산동백이라고 부르기도 했대요.

그리고 사실 우리나라 중북부 지방에서는 자생하는 동백나무를 볼 수 없어요. 동백나무는 따뜻한 환경을 좋아하는 난대 수종이기 때문에 우리나라의 경우 남해안이나 울릉도, 제주도 등지에 자생합니다. 물론 최근에는 기후 변화 때문에 온실 말고도 서울 도심에서도 정원수로 식재한 동백나무를 볼 수 있긴 해요.

차나무과 동백나무속에 속하는 식물을 통틀어서 동백나무라고 하는데, 전 세계적으로 200종 정도가 분포합니다. 주로 동아시아 위주로 살고 있죠. 잎이 1년 내내 푸르른 상록 활엽수입니다. 우리나라에 자생하는 동백나무*Camellia japonica* L.의 학명에서 명명자 자리의 'L.'은 향나무와 마찬가지로 스웨덴의 식물학자 린네의 약자입니다. 즉, 린네가 발견한 카멜리아속 식

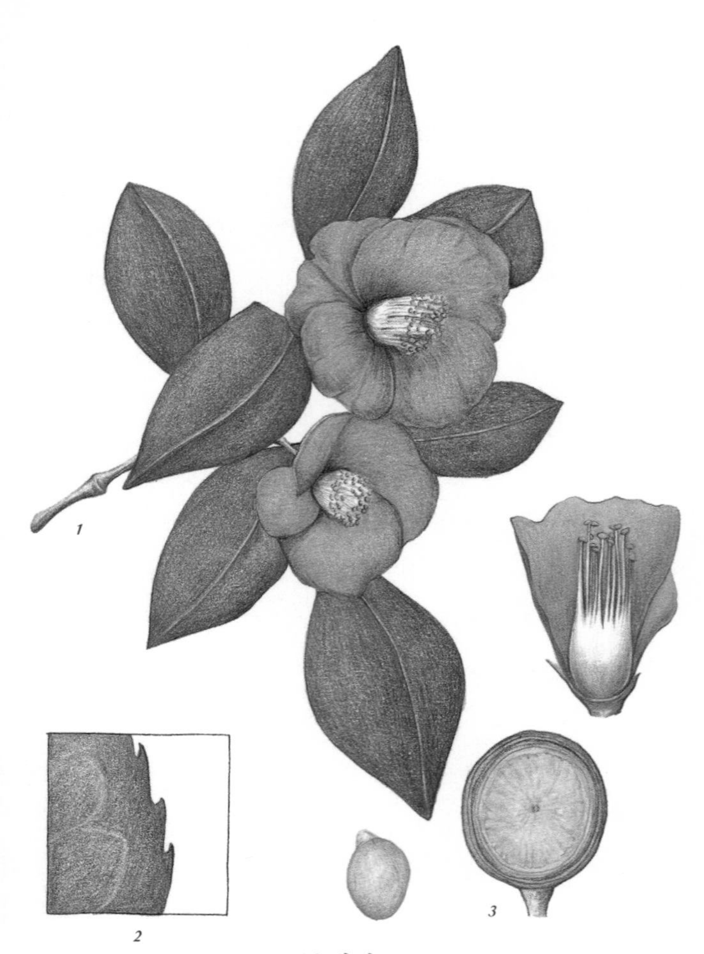

동백나무

Camellia japonica L.

1 꽃이 달린 가지 *2* 잎 *3* 꽃

물, 그리고 종명의 '자포니카*japonica*'는 일본 원산이라는 의미죠. '카멜리아' 또한 식물학자의 이름입니다. 게오르그 요셉 카멜*Georg Josef Kamel*이라는 선교사 겸 약제사이기도 했던 식물학자로, 린네는 그를 기리기 위해 이 동양에서 피어난 아름다운 꽃의 속명을 카멜리아라고 붙였지요. 비록 종명에 일본 산지라고 표기되어 있긴 하지만, 동백나무는 원산지가 일본일 뿐이지 한국과 중국에서도 분포하고 있습니다. 중국에서는 '산다', 일본에서는 '츠바키'라고 불러요. 국명인 '동백(冬柏)'의 연원과 관련해서는 겨울 내내 잎을 틔우는 늘푸른나무인 잣나무에 빗대서 붙인 이름이라는 의견이 가장 유력합니다.

품종에 따라서 조금씩 차이가 있지만 보통 동백나무는 11월부터 이듬해 4월에 걸쳐서 꽃이 피었다가 집니다. 가지 끝에 달린 붉은색 꽃은 5~7장의 꽃잎이 동그랗게 서로 감싸고 있습니다. 꽃의 수술이 굉장히 많고 기둥처럼 모여 있는데요. 꽃가루주머니가 노란색이라 붉은색 꽃잎과 대조되는 빛깔이 정말 아름답습니다. 게다가 잎은 진초록색이고요. 그래서 겨울 숲에서 동백나무는 멀리에서도 눈에 확 띄지요. 학술적으

수형

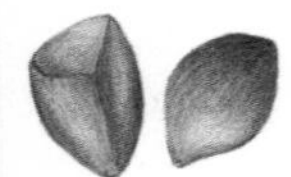

열매가
익어가는 과정

로 밝혀진 것은 아니지만, 우리나라가 워낙 에 추워서 다른 나라에서 자라는 동백나무의 꽃보다 빛깔이 유난히 붉다는 이야기도 있어요. 진화론적으로 생각해봐도 그럴듯한 것이, 동백꽃이 번식을 하려면 수분을 해야 하는데 겨울엔 수분 매개자인 나비나 벌 같은 곤충이 없잖아요? 그래서 보통은 겨울에도 우리나라 전역에서 볼 수 있는 '동박새'라는 새의 도움을 받아 수분을 합니다. 새로 하여금 꽃에 다가오게 하기 위해서 빛깔이 더욱 붉어졌다는 거죠.

동백꽃은 꽃의 모양과 색이 다양합니다. 크게는 꽃잎 배열에 따라서 홑꽃, 그리고 겹꽃으로 나눠요. 사람들이 꽃이 화려한 동백나무를 워낙 좋아하다 보니, 꽃이 피어나는 모양까지 달리해 여러 품종을 육성해왔습니다. 홑꽃의 경우에는 품종에 따라 꽃잎이 벌어지는 정도도 다 달라요. 아주 조금 벌어지는 것도 있고, 사방으로 벌어지거나 180도로 벌어지는 품종도 있죠. 겹꽃의 경우에는 다양한 형태로 육성해, 품종에 따라 각각 모란 모양, 연꽃 모양,

사자 모양, 방사형 등의 모습을 띱니다. 빛깔도 다채롭고요. 원예종의 경우 사람들이 선호하는 분홍색 겹꽃 동백나무가 많이 재배됩니다. 동백나무는 관상수로서도 인기가 많지만, 방풍림의 역할을 하기도 한답니다. 바닷바람을 막아주거나 불길에도 강해 불이 번지는 걸 막아주기도 하고, 습도 조절의 기능도 하죠.

요즘엔 기후 변화 시대를 맞아 식물의 기능에 대한 연구도 활발하게 이루어지고 있는데요. 동백나무를 비롯한 난대수종이 특히 주목받고 있지요. 미국, 오스트레일리아, 뉴질랜드 등의 나라에서 특히 집중적으로 동백나무를 연구하고 있다고 합니다. 1962년에는 국제동백나무협회도 창립되었어요. 2년마다 한 번씩 전 세계의 주요 도시에서 돌아가며 관련 국제회의를 개최하고 있습니다. 2010년에는 일본, 2012년에는 중국에서 열렸는데, 2014년에는 다시 유럽 대륙의 스위스로 개최지가 이동했습니다. 아시아 대륙을 돌 때 우리나라에서도 개최됐으면 좋았을 텐데 아쉬움이 남네요. 이제 우리도 동백나무에 좀 더 관심을 갖고 연구하면 좋을 것 같아요.

Citrus unshiu (Yu.Tanaka ex Swingle) Marcow.

하 나 의 * 열 매 에 * 달 린 * 가 능 성

지난겨울엔 농촌진흥청의 의뢰를 받고 귤의 세밀화를 그렸습니다. 여행을 다니면서 그 나라 특산 과일만큼은 꼭 챙겨 먹을 정도로 과일을 좋아하기 때문에, 귤을 그리는 내내 행복했답니다. 귤 중에서도 새롭게 육성되고 있는 품종을 주로 그렸는데요. 열매의 크기가 굉장히 작아 관상용으로도 적당한 '미니향', 한라봉과 비슷한 모양의 '탐나는봉' 등을 그렸습니다. 평소라면 그냥 까먹고 버릴 귤껍질을 세밀화를 그리기 위해 자세히 관찰하다 보니, 요즘은 껍질의 두께에 집중해 귤을 육성해나가고 있다는 사실을 새롭게 깨닫기도 했습니다.

감귤은 귤속 과수의 열매입니다. 귤속에는 귤 말고도 한라봉, 천혜향, 레몬, 오렌지, 유자, 자몽, 라임 등이 있습니다. 열

무환자나무목 운향과 귤속

귤

우리나라에서 육성한 귤속 품종들

1 미니향 *2* 하례조생 *3* 탐나는봉

매만 보더라도 다들 비슷하게 생겼죠? 식물이나 꽃의 형태도 서로 닮았답니다. 또한 열매로 식용하기도 하지만, 허브로도 많이 이용하곤 합니다. 향수를 좋아하시는 분들은 아마 시트러스 계열의 향수 이름을 자주 접해봤을 거예요. 제가 약용식물로서 화장품의 원료가 되는 식물을 그리다보면, 그 안엔 항상 시트러스 계열의 식물이 꼭 껴 있더라고요.

감귤류의 원산지는 아시아 동남부입니다. 우리나라에서는 삼국시대부터 감귤을 재배하기 시작했다고 해요. 재래종인 유자, 당유자, 진귤, 병귤, 청귤, 홍귤 등 35종류가 재배되었다는 기록이 있어요. 우리가 현재 가장 흔히 먹는 온주 밀감은 1900년도가 넘어서야 우리나라에서 재배되기 시작했습니다. 1911년, 제주도에서 선교활동을 하던 프랑스 출신의 타케 신부가 한라산에 자생하는 왕벚나무를 일본에서 선교활동 중인 동료 신부에게 보내면서, 그 대가로 받은 것입니다. 그렇게 온주 밀감 나무 열다섯 그루가 제주도에 식재된 이후 점차 널리 재배되기 시작했죠. 제주도의 서홍동에 가면 제주 최초의 감귤나무를 만나볼 수 있답니다. 나무 앞에 그 사실을 표기한 비석도 놓여 있어요. 1960년대부터는 '제주 경제개발 5개년 계획'하에 제주도에 감귤 재배지가 본격적으로 늘어났습니다. 그 당시에는 감귤나무 두 그루만 있어도 자식의 대학 등록금을 감당할 수 있다고 해서 감귤나무를 '대학나무'라고 부르기도 했대요.

크게 온주 밀감과 한라봉, 천혜향, 레드향 등이 속하는 만감류, 이렇게 두 가지로 나뉩니다. 그중 온주 밀감은 우리나라 감귤 수확량의 90퍼센트 이상을 차지하고 있는데요. 품종이 워낙 많고 구분하기도 쉽지 않아 보통은 수확 시기를 기준으로 극조생, 조생, 중생, 만생 이런 식으로 구분을 하곤 해요. 궁본, 일남1호, 암기 등 극조생의 경우 10월부터 수확하여 출하되고, 11월 중하순에 출하되는 궁천, 흥진 등의 품종이 조생종으로 제주 감귤의 대표 품종들입니다. 그 밖에 중생, 만생 등을 12월에 수확해 저장했다가 이듬해 출하시키죠.

만감류 중에 우리에게 가장 익숙한 품종은 바로 한라봉이에요. 청견과 온주 밀감을 교배한 품종으로, 원래 일본에서 '부지화'라는 이름으로 육성되었는데 우리나라에 들여오면서 한라봉으로 이름 붙였죠. 불룩 튀어나온 꼭지가 꼭 한라산과 닮았다고 해서 한라봉이라 부르게 되었대요. 당도도 높고 과육과 과즙도 풍부하죠. 제주에서는 감귤 수확량의 6퍼센트 정도를 차지하고 있다고 해요. 요즘 인기가 많아진 천혜향 또한 일본에서 육성한 '세토카'라는 품종입니다. 밀감류와 오렌지류를 교배한 것이죠. 껍질이 얇은 편이고 지름도 좀 더 넓습니다. 그리고 한라봉과 천혜향을 교배한 품종이 바로 황금향입니다. 이것도 '베니마돈나'라는 품종명으로 일본에서 육성된 것입니다. 레드향의 경우 한라봉과 온주 밀감을 교배한 것으로, '에이메이34호'라는 이름으로 일본에서 육성되었습니다. 다른 감귤들에 비해 껍질에 붉은빛이 감돈다고 해서 우리나라에서는 레드향이라고 불리게 되었어요. 이렇듯 품종명이 우리말이라고 해서 우리나라에서 처음 육성한 품종이라고 생각할 수 있지만, 사실 모두 일본에서 육성한 것입니다.

이렇게 다양한 품종이 계속해서 새로이 소개되고 있는 것은, 귤이 그만큼 사람들에게 큰 사랑을 받고 있는 과일이기 때문입니다. 다른 과일과 달리 간편히 먹을 수 있고, 알의 크기도 작으며 오랜 시간 과육이 변하지 않는다는 장점 등은 특히 요즘의 라이프스타일에 잘 맞죠. 이에 잘 벗겨지도록 껍질의 두께와 과육의 당도와 산도의 비율에 집중해 꾸준히 품종을 개발하고 있습니다. 귤을 이용한 가공식품이나 초콜릿, 파이 등도 만들어내고 있고요.

식용뿐만 아니라 감귤 껍질 추출물을 이용한 탈모 방지

화장품이나 씨앗 추출물 화장품, 꽃 추출물을 이용한 항염증제 등 제품 개발을 위한 연구도 진행하고 있습니다. 저는 늘 식물문화가 발전한 나라들을 부러워하곤 했는데요. 지역 특산물을 이용한 부가 수익으로 재배를 위한 연구 기금도 마련할 수 있고, 이를 통해 그 식물 종의 또 하나의 가치가 발현될 가능성이 생기는 거고요. 예컨대 최근 방문했던 일본의 '고치'가 딱 그러했어요. 시트러스속 감귤류인 유자가 유명한 고장인데, 유자 재배와 관련한 여러 프로그램뿐만 아니라 유자 캐릭터를 이용해 개발한 여러 상품을 판매하고 있어 인상적이었습니다. 그런 면에서 제주도는 우리나라 다른 도시에 비해 식물문화가 매우 발달한 지역입니다. 제주도의 자체적인 연구도 활발할뿐더러 농촌진흥청 원예특작과학원에서는 '감귤연구소'를 만들어 우리나라 자체적으로 새로운 품종을 육성하기도 하고, 감귤을 브랜드화하는 연구도 하고 있거든요. 제주도처럼 열매 하나, 식물 한 종의 존재 자체로 부가 산업을 만들고 문화를 이루는 사례가 앞으로 많이 생기면 좋을 것 같습니다.

no. 42 *Adonis amurensis* Regel&Radde

한 겨 울 에 * 꽃 을 * 피 우 는 * 이 유

꽃이 피면 그 사실 자체만으로 신문 1면을 장식하는 식물이 있습니다. 바로 한겨울 얼음을 깨고 노란색 꽃을 피우는 복수초예요. 복수초는 일이 월부터 초봄까지 꽃을 피우는데, 보통 1월에 제주도에서부터 시작해서 북부 지방에는 2월쯤부터 개화를 시작합니다. 한겨울에 눈을 뚫고 얼음 사이에서 피는 꽃이라고 해서 얼음새꽃, 얼음꽃이라 불리거나, 또 연꽃을 닮았다고 해서 설연화라고도 하죠. '복수초'라는 이름은 일본에서 사용하는 한자를 우리도 그대로 사용하고 있는 것으로, '복'을 뜻하는 '복(福)' 자에 '장수'를 의미하는 '수(壽)' 자가 합쳐진 것입니다. 복수초는 새해의 복을 바라는 설날을 상징하는 식물과도 같아요.

미나리아재비목 미나리아재비과 복수초속

개복수초

Adonis pseudoamurensis W.T.Wang

복수초는 겨우내 꽃을 보지 못하던 사람들에게는 너무나 반가운 소식입니다. 수목원에도 복수초가 피면 금세 소문이 돌아요. 점심시간에 그곳에 가보면 다른 직원들도 모여 꽃 사진을 찍고 있죠. 복수초 이야기를 시작한 김에 저도 꽃 사진을 찾아보려고 오랜만에 외장하드를 열어보았는데요. 매해 2월마다 빼먹지 않고 복수초 사진을 찍어두었더라고요. 아마도 이게 저 혼자만의 이야기는 아닐 거예요.

2년 전, 동백나무를 그리기 위해 도쿄대학교 부속 식물원인 고이시카와 식물원을 방문한 적이 있어요. 2월이었는데 추운 계절이라 그런지 사람이 거의 없었죠. 그런데 어떤 할아버지가 절 일본인이라 생각했는지 일본어로 이리 와보라며 손짓했습니다. 그래서 가까이 갔더니 여기 꽃이 피었다며 웃으셨습니다. 자세히 보니 복수초속의 꽃이었어요. 정확히 어떤 종인지는 모르겠지만 개복수초나 가지복수초 같았습니다. 저도 워낙 오랜만에 꽃이 핀 걸 본 거라 너무 반가워서 할아버지와 함께 꽃 사진을 찍었죠. 그러고 있으니까 이윽고 식물원에 있던 다른 사람들도 복수초 주변으로 몰려들었습니다. 이렇듯 복수초는 중요한 특산식물이거나 멸종위기식물도 아닌데 사람들이 유난히 개화를 반가워하는 것 같아요.

복수초는 한 종이 아니라 아도니스속 식물을 총칭하는데요. 아도니스속 식물들은 서양에서도 인기가 많습니다. '아도니스*Adonis*'라는 이름은 그리스신화에 나오는 미소년 아도니스의 이름에서 따온 거예요. 여신 아프로디테의 연인으로 사냥을 무척 좋아했는데, 사냥에 나갔다가 멧돼지에 물려 죽었습니다. 그때 아도니스의 상처에서 흐른 피가 복수초 꽃이 되었다고 전해지죠. 복수초 꽃은 노란색인데 피라니 약간 의아하기도 할 텐데요. 서양에 분포하는 복수초 중에는 빨간 꽃을 피우는 종도 있다고 해요. 그리고 그때 아도니스의 죽음을 슬퍼하며 아프로디테가 눈물을 흘렸는데, 그 눈물이 떨어진 자리에서 흰색 아네모네가 피었다고 전해지죠. 그래서 복수초 근처에는 아네모네가 핀다는 이야기가 있어요. 서양에서 전래한 신화이긴 하지만, 신기하게 우리나라 숲에서도 복수초 주변에 아네모네속인 바람꽃이 자주 피곤 한답니다.

식물이 겨울에 꽃을 피우려면 다른 때보다 훨씬 많은 에너지가 필요합니다. 그런데 저온에서는 영양분과 수분 흡수를 덜하기 때문에 평소보다 에너지도 더 적은 상태죠. 게다가 겨울에는 생식을 돕는 곤충이나 동물도 거의 없고요. 그래서 겨울에 꽃을 피우는 건 여러모로 식물에게 큰 도전이라 할 수 있습니다. 그럼에도 불구하고 복수초가 겨울에 꽃을 피우는 것은 서식지인 숲의 나무들이 잎을 틔우기 전에 미리 할 일을 하려는 거예요. 복수초 같은 작은 식물들은 커다란 나무가 무성해지면 나뭇잎에 가려 광합성을 잘 할 수가 없거든요. 그러다 영양분을 만들지 못하고 죽을 수도 있고요. 그래서 늦겨울이나 초봄에 먼저 꽃을 피우는 거죠. 근데 겨울은 너무 춥잖아요. 그래서 겨울의 혹독한 추위를 이기고 개화할 수 있도록 그들만의 생존 전략을 꾸밉니다. 복수초의 꽃잎을 보면 가운데 쪽으로 오목합니다. 그 덕분에 꽃잎 안쪽으로 열을 모아 주변의 눈을 녹이며 꽃을 피우는 거예요. 그리고 그 열은 매개자인 곤충의 체온도 높여 수분을 잘할 수 있도록 도움을 줍니다. 암술을 따뜻하게 함으로써 씨앗도 잘 맺게 하고요.

우리나라에는 세 종의 복수초속 식물이 분포합니다. 복수초와 개복수초, 그리고 세복수초이죠. 각각 생태환경의 영향으로 생김새가 다릅니다. 복수초는 꽃이 잎보다 먼저 핍니다. 만약 꽃과 잎이 같이 있다면 개복수초나 세복수초예요. 복수초는 야생화이긴 하지만 노란색 꽃잎에 수술도 가득해 화려한 편이에요. 그래서 원예종으로 육성하려고 노력하고 있죠. 우리나라 자생 복수초가 일본에 불법으로 유출되어 일본의 원예시장에서 대량으로 판매되는 사건도 있었어요. 일본 사람들은 행복을 가져다주는 식물이라며 복수초를 워낙에 좋아하거든요. 도쿄대학교 부속 식물원에서 만났던 할아버지가 복수초를 발견하고 유독 기뻐하셨던 게 그런 이유 때문일 수도 있겠어요. 추운 겨울 복수초를 발견하고 반가워하는 그 자체가 그 사람 몫의 행복일 겁니다.

찾아보기

가

라

마

바

사

아

자

차

타

파

하

식물의 책

초 판 1쇄 발행 2019년 10월 25일
20쇄 발행 2024년 6월 24일

지은이 이소영
발행인 홍은정

주 소 경기도 파주시 심학산로 12, 4층 401호
전 화 031-839-6800
팩 스 031-839-6828

발행처 (주)한올엠앤씨
등 록 2011년 5월 14일
이메일 booksonwed@gmail.com

* 책읽는수요일, 라이프맵, 비즈니스맵, 생각연구소,
지식갤러리, 스타일북스는 ㈜한올엠앤씨의 브랜드입니다.